ICTデータ活用による交通計画の新次元展開

[総合交通ネットワーク流動の
モニタリングシステム]

工学博士　飯田　恭敬　著

コロナ社

「ICTデータ活用による交通計画の新次元展開」 正誤表

頁	行・図・式	誤	正
30	4行目	（文末に追加）	ここでは, OD別リンク利用確率Pを交通量配分で与えるモデル内生化の方法を述べているが, 先決される場合, 繰返し計算tは不要である。
41	式(2.41)	=Min	→Min
56	1行目	スポット収集交通量	スポット通過交通量
56	2行目	トータル収集交通量	トータル通過交通量
65	10行目	ゾーン発生交通量比率, ゾーン発生交通量比率が	ゾーン発生交通量比率が
71	下4行目	域内ゾーン2と	域内ゾーン2の
138	図6.1	裏面参照	

①

最新の正誤表がコロナ社ホームページにある場合がございます。
下記URLにアクセスして[キーワード検索]に書名を入力して下さい。
http://www.coronasha.co.jp

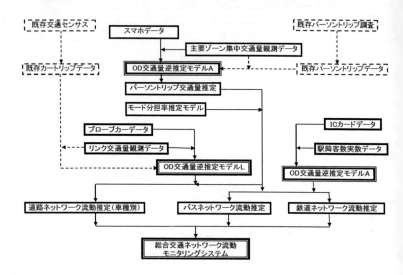

図6.1 総合交通ネットワーク流動のモニタリングシステムの枠組み

まえがき

　交通工学の研究を振り返ってみると，1990年代に新たな転換期を迎えたと思われる。その大きな要因はICT (information and communication technology) の急速な進展であり，それまで困難であった交通データの観測や収集が可能になったことである。これからの交通工学で大事な視点は，交通現象の本質である変動やばらつきである。交通流動を確定値あるいは平均値で記述するだけでは，複雑に変化する交通現象を戦略的にマネージメントすることは難しいと思われる。ICTを用いることにより交通流動の常時観測と精度向上が可能となるので，道路交通センサスやパーソントリップ調査の抜本的変革が実現できる。次世代の交通マネージメントには，すべての交通モードを統合したトータルシステムとしての視点から，突発事象を含めた交通現象変動に対処できる高次元サービスが求められるであろう。

　従来の道路交通センサスおよびパーソントリップ調査は，アンケート方式に基づいてOD (origin-destination) 交通量（起終点交通量）の推定作業がなされている。しかし，調査作業が膨大であることに加え，収集データの質を確保することに難があり，また，多額の費用を要することが問題になっている。ICTデータが容易に利用できるようになると，カートリップやパーソントリップの交通量調査は，OD交通量逆推定モデルを適用することで，格段に推定精度を向上させることができるし，また，必要に応じて随時更新が可能となる。OD交通量逆推定モデルとは，交通ネットワーク上の現実交通の観測値からOD交通量とOD別経路交通量を推定する方法のことで，いわゆる従来の段階推定法の逆手順であることから，このように称している。

　本書では，2種類のOD交通量逆推定モデルを提案している。一つは，リンク交通量の推定値を現実値に近接させるリンク交通量型であり，もう一つは，ゾーン集中交通量の推定値を現実値に近接させるゾーン集中交通量型である。前者は経路選択情報が組み込まれている方法，後者は経路選択情報を考慮しない方法である。OD交通量逆推定モデルの事前データは，発生ゾーン別目的地

まえがき

選択確率，ゾーン発生交通量比率，OD別リンク利用確率などである。これらを事前データとした理由は，逆推定モデルの未知変数がゾーン発生交通量のみとなるので，大規模ネットワークに対しても容易に適用可能となる利点があるからである。プローブカーデータや携帯電話移動データ（スマートフォンデータ，以降スマホデータ）を利用すると，現実的な事前データを作成できるので，逆推定モデルの結果が高精度となる。さらに特筆しておくべきことは，ICTデータの大きな特長として，トリップ発生時刻のデータ収集ができることである。このことにより，時間帯別のOD交通量と経路交通量の逆推定も容易に行えるので，既存手法からの画期的な進歩となる。

ICTデータは，いまのところ個人情報保護や調達コスト面で利用制約が大きいことが問題となっている。こうした中で，最近注目されているのがETC (electronic toll collection system) 2.0である。しかし，ETC2.0プローブは，スポット通過以前の走行軌跡データであり，通過以後の経路や終着ゾーンのデータは不明である。トリップごとの起終点間データの収集ができるようになれば，ETC2.0データの実用価値が一段と高まるので，その補完方法やシステム改善が望まれる。ETC2.0スポットの整備箇所に関する配置計画は明確ではないが，できることなら将来はゾーン境界にスポットが設置されると，逆推定モデルの実務適用にきわめて好都合である。本書では，リンク交通量型逆推定モデルにおける事前データの作成に，ETC2.0データを使用する独自の方法を提案している。しかし，ETC2.0データシステムの改善が遅れることになれば，一般的なプローブカーデータをスポットで収集する方法で同様に作成できる。

ICTデータを活用するリンク交通量型とゾーン集中交通量型の2種類のOD交通量逆推定モデルを用いて，道路，鉄道，バスを統合した交通ネットワーク流動のモニタリングシステムを構築することができる。基本的には，カートリップに対してはプローブカーデータを用いたリンク交通量型逆推定モデル，パーソントリップに対しては携帯電話移動データを用いたゾーン集中交通量型逆推定モデルが適用される。パーソントリップでは，交通モード分担の推定作業が必要となるが，この推定分析も最近ではICTデータを用いた先進的手法で実行できるようになっている。このほかにも，ICカードデータが利用可能

で，ゾーン集中交通量型逆推定モデルを用いて鉄道およびバスの駅間 OD 交通量が推定できる．このようにして，道路，鉄道，バスの総合交通ネットワークにおける日単位および時間帯別の交通流動が高精度で推定分析できるモニタリングシステムが構築できる．

このモニタリングシステムにより交通流動分析が必要なときに随時実行できるので，交通現象変動の実態分析が可能となる．交通流動はさまざまな要因によって変化する．例えば，需要サイドからは観光シーズン時やイベント時などの流動変化があるが，モニタリングシステムでその変動特性を知ることにより，円滑な観光需要の誘導策や効果的なイベント対応策を講じることができる．また，突発事象時の交通流動分析も可能なので，交通ネットワークの脆弱断面に対する事前対策を検討できることになる．供給サイドからは，各種の都市開発事業，道路建設事業，交通管理対策事業などによる流動変化がある．これらの事業効果は，モニタリングシステムでその流動変化が実数推定できるので，便益算定が正確に行えるようになる．さらに，計画事業の波及効果により新たな問題が生起する可能性があるが，その場合もモニタリングデータをフィードバックして，事業計画の変更改善を検討することができる．

次世代に求められるのは，道路，鉄道，バスなどを一体化した総合交通ネットワークのサービス高度化であり，そのキーワードは連続性，柔軟性，安定性であろう．すなわち，乗り換え利便性の向上，異常時の可変対応，走行移動の時間信頼性である．通常から各種交通モードのネットワーク流動の変動特性を計測分析することで，状況変化に対応できる交通マネージメントが可能となるので，交通流動モニタリングシステムの実用面における有用性は多岐にわたる．さらに，学術面においても経路選択などの交通行動分析の実態究明や，現実交通流動に基づく便益評価法の再構築などの新たな研究発展につながる可能性がある．

本書のタイトルを「ICT データ活用による交通計画の新次元展開」としたのは，上述のように，ネットワーク交通流動のモニタリングシステムによって，交通計画における現実面と学術面で多くの新たな進展が期待できるからである．しかし，モニタリングシステムを構成する OD 交通量逆推定モデルは，ICT データの利用規制のため実際適用がまだ進んでおらず，本書では基本的な

考え方を説明することに留まっている。今後は実際の ICT データを用いて逆推定モデルの実用検証が進展することを願っている。

著者の交通計画に対する基本的な思想は，絶版となった「交通計画のための新パラダイム」（技術書院，2008 年 3 月）を引き継いでいる。そのため，記述の一部は前著と重複しているが，執筆内容は，その後の研究成果を取り入れて大幅に刷新されている。本書が将来における交通計画の発展の一助になれば幸いである。

交通ネットワーク流動のモニタリングシステムの研究を進めるにあたっては，これまで数多くの方々のご協力とご支援に負うところが多い。リンク交通量型逆推定モデルについては，国土交通省 国土技術政策総合研究所の上坂克巳 元道路研究室長（現 山形県 県土整備部部長），橋本浩良 前主任研究員（現 同研究所 企画部企画課長），一般社団法人 システム科学研究所の丹下真啓氏，田中久光氏，株式会社 地域未来研究所の前川友宏氏，リンク交通量型逆推定モデルの事前データ作成法とゾーン集中交通量型逆推定モデルについては，株式会社 福山コンサルタントの山根公八氏，立石亮祐氏，國分恒彰氏，船本洋司氏のご協力を，計算方法の開発には岐阜大学 倉内文孝 教授と宮崎大学 嶋本 寛 准教授のご指導をいただいた。ネットワーク信頼性については，名城大学 若林拓史 教授，大阪市立大学 内田 敬 教授，長野工業高等専門学校 柳澤吉保 教授，株式会社 福山コンサルタントの栄徳洋平氏，横井祐治氏，石倉麻志氏のご協力をいただいた。このほかにも，京都未来交通イノベーション研究機構の研究会メンバーである京都大学 宇野伸宏 教授，Jan-Dirk Schmöcker 准教授，中村俊之 助教，岐阜大学 杉浦聡志 助教には多大のご協力とご支援をいただいた。また，株式会社 福山コンサルタントの山本洋一 前社長には社内技術研究会の設立で格別のご配慮をいただいた。上記の方々には心より謝意を表したい。最後に，本書の企画出版にあたって多大なるご助言とご協力をいただいた株式会社 コロナ社に厚くお礼を申し上げたい。

2017 年 6 月

飯田　恭敬

目　　　次

1. 交通計画の新次元展開を求めて

1.1　交通計画の発展に必要な視点 ……………………………………………… 1
1.2　交通ネットワーク信頼性の重要性 …………………………………………… 4
1.3　交通量配分手法の再考証 ……………………………………………………… 6
1.4　OD 交通量逆推定モデルの実用化 …………………………………………… 8
1.5　交通ネットワーク流動のモニタリングシステムの有用性 ………………… 11

2. リンク交通量型の OD 交通量逆推定モデル

2.1　要　　　　旨 ………………………………………………………………… 14
2.2　リンク交通量型逆推定モデルの考え方 …………………………………… 16
　2.2.1　ネットワークにおけるセントロイドとノードの役割 ……………… 16
　2.2.2　ゾーン発生・集中交通量のノード分担方法 ………………………… 18
　2.2.3　ゾーン間 OD 交通量からノード間 OD 交通量への変換 …………… 21
2.3　大ゾーンベースによる OD 交通量逆推定モデル ………………………… 26
　2.3.1　基本型モデル …………………………………………………………… 26
　2.3.2　プローブカーデータ型モデル ………………………………………… 29
2.4　リンク交通量型逆推定モデルの計算方法 ………………………………… 30
　2.4.1　リンク交通量単独モデルの非負制約条件がない場合 ……………… 30
　2.4.2　リンク交通量単独モデルの非負制約条件がある場合 ……………… 31
　2.4.3　結合モデルの計算法 …………………………………………………… 33
2.5　推定精度の検証方法 ………………………………………………………… 35
　2.5.1　基本精度検証 …………………………………………………………… 35
　2.5.2　実際適用検証 …………………………………………………………… 36
2.6　結合モデルの改良 …………………………………………………………… 40
2.7　時間帯別 OD 交通量の逆推定法 …………………………………………… 41

2.8 本章のまとめ ………………………………………………………………… 43

3. リンク交通量型逆推定モデルの事前データ作成法

3.1 要　　　旨 ………………………………………………………………… 45
3.2 OD別スポット収集交通量のデータ収集法 ……………………………… 47
3.3 事前データの作成法 ……………………………………………………… 51
　3.3.1 日単位OD交通量逆推定 …………………………………………… 51
　3.3.2 時間帯別OD交通量逆推定 ………………………………………… 53
3.4 ダイアル確率配分法を用いたサンプルOD交通量の補正法 …………… 56
3.5 サンプルOD交通量の欠落値の補完法 ………………………………… 61
3.6 本章のまとめ ……………………………………………………………… 64

4. ゾーン集中交通量型のOD交通量逆推定モデル

4.1 要　　　旨 ………………………………………………………………… 66
4.2 ゾーン集中交通量型逆推定モデルの考え方 …………………………… 67
　4.2.1 定　式　化 ………………………………………………………… 67
　4.2.2 小ゾーンベースのOD交通量への変換 …………………………… 70
　4.2.3 例題による考察 …………………………………………………… 71
4.3 ゾーン集中交通量型逆推定モデルの改良 ……………………………… 74
4.4 時間帯別OD交通量の逆推定法 ………………………………………… 78
4.5 本章のまとめ ……………………………………………………………… 79

5. 交通ネットワーク信頼性

5.1 要　　　旨 ………………………………………………………………… 81
5.2 交通ネットワーク信頼性の考え方 ……………………………………… 84
　5.2.1 交通ネットワークのリダンダンシー ……………………………… 84
　5.2.2 定時性の効果 ……………………………………………………… 86
　5.2.3 リスク回避と時間価値 …………………………………………… 89
5.3 交通ネットワーク信頼性の種類 ………………………………………… 91

5.3.1　連結信頼性 ……………………………………………………………… 91
　　5.3.2　所要時間信頼性 ………………………………………………………… 93
　　5.3.3　遭遇信頼性 ……………………………………………………………… 95
　　5.3.4　ネットワーク容量信頼性 ……………………………………………… 97
　　5.3.5　その他の信頼性指標 …………………………………………………… 98
　　5.3.6　各種信頼性の適用対象 ………………………………………………… 99
5.4　連結信頼性 …………………………………………………………………… 101
　　5.4.1　定　　　義 ……………………………………………………………… 101
　　5.4.2　構　造　関　数 ………………………………………………………… 102
　　5.4.3　厳　密　計　算　法 …………………………………………………… 105
　　5.4.4　近　似　計　算　法 …………………………………………………… 107
　　5.4.5　実　用　計　算　法 …………………………………………………… 112
5.5　所要時間信頼性 ……………………………………………………………… 123
　　5.5.1　定　　　義 ……………………………………………………………… 123
　　5.5.2　分　析　方　法 ………………………………………………………… 124
　　5.5.3　便益評価の方法 ………………………………………………………… 127
5.6　本章のまとめ ………………………………………………………………… 135

6.　総合交通ネットワーク流動のモニタリングシステム

6.1　要　　　　旨 ………………………………………………………………… 136
6.2　総合交通ネットワーク流動のモニタリングシステムの構築 …………… 138
6.3　モニタリングシステムの実用的価値 ……………………………………… 141
　　6.3.1　交通マネージメントの高度化 ………………………………………… 141
　　6.3.2　交通計画事業の評価システム ………………………………………… 142
　　6.3.3　公共交通システムのサービス改善 …………………………………… 144
　　6.3.4　ネットワーク信頼性に基づく交通計画 ……………………………… 146
　　6.3.5　交通センサスおよびパーソントリップ調査の先進化 ……………… 149
　　6.3.6　土地空間情報との結合による都市計画への適用 …………………… 151
　　6.3.7　交通ネットワークシミュレーションのインプットデータの精緻化 … 152
6.4　モニタリングシステムの学術的価値 ……………………………………… 154
　　6.4.1　交通需要変動の特性分析と予測モデルの開発 ……………………… 154

6.4.2　交通量配分の現実的発展 ………………………………………… 155
　　6.4.3　走行時間短縮の便益効果の新思考 …………………………… 158
6.5　本章のまとめ …………………………………………………………… 159

参　考　文　献 ……………………………………………………………… 161
索　　　　引 ………………………………………………………………… 164

交通計画の新次元展開を求めて

1.1 交通計画の発展に必要な視点

　アメリカで1930年代に交通工学会が設立されて以来,交通工学研究は一つの学問分野として,今日に至るまで目覚しい発展を遂げてきた.確かに理論の精緻化,手法の多様化,方法論の体系化などでは顕著に進歩したと思われるが,それらが果たして交通現象の実体を捉えたリアリティの高いものとなっているかどうかは,意見が分かれるところであろう.いうまでもなく,交通現象は人の行動意思が介在する不確定な社会現象であり,交通現象は変動やばらつきを有するのが本来の姿である.このことが道路交通の渋滞や事故を引き起こしているのである.したがって,交通の流れや行動を均質現象とみなして,確定値や平均値で記述する交通モデルは,実際の交通現象を的確に表現しているとはいい難く,現実問題に適用しても,その有用性に限界があるといわざるを得ない.端的にいえば,これまでの交通工学は現象の変動やばらつきを研究対象として考慮する視点が不十分であったといえよう.

　交通工学のモデル化においては,単純な仮定や理想的な条件に基づくのが一般的であり,そのために現象の複雑性や多様性が十分に反映されているとはいえず,記述性の点でリアリティに欠ける面があったことは否定できない.例を挙げると,実際の交通密度と交通量の関係は,滑らかな一つの曲線になるのではなく,むしろばらつくのが真実であろう.OD交通量や経路交通量の現状分析においても,特定時点の交通現象を社会経済指標と結び付けたモデルや,交

通行動をある規準に基づいて記述するモデルは，期待値的な現象記述に過ぎず，現象実態を知るには，その変動特性を究明することが重要である．交通需要は時間帯，曜日，季節，天候などとも関係しており，またイベントや災害・事故など，さまざまな要因で大きく変化する．また，交通行動の選択決定は交通動態の状況とも関係してくる．こうした交通現象のばらつきや動態の特性を追究することが，これからの交通計画で大きな意味を持つと思われる．

新しい交通サービス水準のあり方は，交通現象の変動やばらつきを考慮することによって可能となる．従来の交通サービス水準は，交通現象の平均値や集計値による確定値で記述されていた．例えば，平均値としての所要時間，渋滞度，遅延時間などである．しかし，統計値や変動値を用いた確率値で交通サービス水準を提供することが，利用者ニーズを満たすこれからの新しい方向と考えられる．具体的にいえば，停滞に遭遇することなく円滑移動できる確率，所定の所要時間内で目的地に到達できる確率などである．目的地までの所要時間を平均値で提供されても，どの程度の確実さで到達できるのか判断できないのである．交通現象はつねに変動するため，その結果として当然のことながら所要時間の変動に影響する．交通サービスに対する利用者ニーズは，いまや平均所要時間だけでなく，その確実性が求められているのである．所要時間の分布形状が既知であれば，目的地まで所定の所要時間内で到達できる確率がわかる．もし，その到達確率が小さければ遅刻リスクの可能性が高いので，早めの時刻に出発するか，経路あるいは交通手段の変更を余儀なくされる．このように，これからの交通サービス水準の記述は利用者の交通行動選択と結び付くものでなければならず，交通変動を考慮した新しい考え方に発展しなければならない．

交通ネットワーク信頼性の概念は，交通現象の変動を考慮した交通サービス水準を記述する方法論であり，今後の交通計画における新しい考え方となるものである．交通ネットワーク信頼性による交通サービス水準の記述は，交通現象変動と関係しているため，その問題点はデータ収集が膨大となることであ

る．道路交通の場合，所要時間の分布形状が特定されたとしても，道路種別を分類して交通量変動や道路容量変動との関連付けをしなければならない．なぜなら，道路の構造や規格によって交通量の変動特性は異なるし，また交通流の管理誘導や道路容量の改善により，所要時間の分布形状が変化するからである．鉄道交通の所要時間は比較的安定しているが，バス交通は道路交通量の増減により走行時間が変動する．

　幸いなことに，最近は ICT の活用により交通データの収集，および観測の技術が急速に進展しており，**OD 交通量逆推定モデル**が実用化の域に達してきた．OD 交通量逆推定モデルは，リンクの観測交通量あるいはゾーン集中交通量に適合するように，交通ネットワークにおけるゾーン発生交通量，OD 交通量，OD 別経路交通量を推定する方法であり，時間帯別交通量も的確に推定分析できる．OD 交通量逆推定モデルを用いると，道路のみならず鉄道，バスを包含した**総合交通ネットワーク**の**交通流動モニタリングシステム**が構築できる．このモニタリングシステムで交通ネットワーク流動を継続的に観測することができれば，交通モードごとの交通量変動が分析できるし，所要時間変動との関係が解明できることになる．先進国では，すでに道路交通だけでなく鉄道やバスを含めた総合交通システムを対象に，そのときの交通状況に対応して，利用者が最適な交通手段が選択できる情報サービスが提供されようとしている．

　このように OD 交通量逆推定モデルは交通ネットワーク信頼性の実用化に寄与するものであり，交通ネットワークの交通変動対応力を示すネットワークパフォーマンスを評価できるようになる．そして，このことが総合交通ネットワークの交通マネージメントの高度化を実現することにつながる．要するに，交通需要は変動するもの，交通流はばらつくもの，という交通現象に対する基本的な認識が重要であり，今後の交通工学および交通計画の研究は，この認識を具現化することで新たな展開が期待されよう．交通ネットワークモデルが交通流の円滑化と安全性向上に貢献するには，こうした交通現象の本質が考慮されなければ，その現実再現性は向上しないし，実際適用における有用性も進展しないであろう．

1.2 交通ネットワーク信頼性の重要性

　経済活動の高度化や生活水準の向上に伴って時間価値が増大しており，交通移動の途中で予期しない渋滞に遭遇するか，あるいはやむなく移動を中止せざるを得ない事態になれば，利用者は大きな損失を被ることになる．それゆえ，最近では交通移動の安定性に対する利用者ニーズが高まっている．
　現在の道路計画において，道路交通量は配分結果による確定値で与えられており，道路ネットワークの各リンク上で交通量がその容量以下になっていれば，交通処理面から特に問題はないとされるのが通常の考え方となっている．しかし，交通需要はつねに変動するため，現実には渋滞がしばしば生起する．交通需要の変動幅が同じでも渋滞は広幅員道路において起こりにくいが，狭幅員道路では発生しやすい．また，道路構造が平面式か高架式かによっても渋滞遅延状況が異なる．例えば，高速道路では渋滞遅延の頻度が一般の平面道路に比べて少なく，所要時間が安定している．このことからわかるように，ピーク変動が大きい道路に対しては，平均値あるいは確定値の交通量のみでは，渋滞発生による時間損失を適正に評価することができないのである．道路整備や交通管理による利用者便益は，主として平均所要時間の短縮効果に基づいて評価されるのが現在の一般的な方法となっている．しかし，利用者便益は平均所要時間の短縮効果だけではないのである．交通量変動を考慮すれば，このほかにも，渋滞遅延時間の減少効果，到着時刻に対する安全余裕時間の短縮効果，早着・遅刻に対するペナルティ損失の減少効果が評価できるので，道路整備による真の便益量は従来の便益額よりもはるかに大きな値となる．換言すれば，現在の平均所要時間短縮のみに基づいた便益算定は，過少評価になっているといってよい．
　交通移動の安定性は，交通ネットワーク信頼性の考え方で取り扱うことができる．**交通ネットワーク信頼性**にはいくつかの種類があるが，おもなものは連結信頼性と所要時間信頼性である．**連結信頼性**は「所定時間内に目的地へ到達

可能な経路が存在する確率」,**所要時間信頼性**(あるいは,単に**時間信頼性**)は「所定時間以内で目的地に到着できる確率」と定義されている[1]†。前者は,災害などの突発事象によるリスク対応の交通ネットワーク計画に適用されるのが一般的であり,後者は,日常の交通量変動に対するサービス水準向上のための整備計画や運用計画に用いられる。

連結信頼性の実際適用においては,突発事象発生時の道路リンク閉鎖によるOD交通ごとのトリップ不能確率が推定され,その結果からリスクに対する脆弱なODペアが抽出される。また,連結信頼性に対して最も影響の大きい道路リンクを見出すこともできる。したがって,連結信頼性は交通面から見た防災計画の策定にきわめて有用な方法論として利用できる[2]。しかし,連結信頼性は突発事象時だけでなく,リンク支障確率を渋滞発生確率で与えることで,通常時の交通量変動に対するOD交通ごとのサービス水準を記述することもできる。

所要時間信頼性の実用面についていえば,上述の複数指標による便益評価ができることに加えて,交通管理面での新しい貢献が期待できる。例えば,所要時間分布を用いた交通情報提供である。**確率所要時間**で情報提供することにより,所要時間の安定性,すなわち所要時間の信頼性向上が見込めることが示されている[3]。公共交通のサービスに対しても,乗り換え時の待ち時間短縮や突発事象時に備えた移動安定性の高い交通サービスへの要求が高まっており,所要時間信頼性を考慮した新しいシステム開発が考究されている[4]。**物流交通**のサービスにおいては,指定された時間に到着する要請が強くなっている。それゆえ,トラックの到着が指定時刻に早着あるいは遅刻すれば,ペナルティ損失が生じることになり,物流企業にとって集配送における時間確実性の向上が,重要な経営戦略となっている[5]。

交通ネットワーク信頼性は,これまでの国際シンポジウムの成果[6]もあって,新しい交通計画の考え方として,しだいに実務にも適用されるようになり,欧米ではすでに交通政策に取り入れられている。一例を紹介すると,アメ

---

† 肩付きの数字は巻末の引用・参考文献番号を表す。

リカでは道路の走行時間変動を観測し,その確率分布が90％あるいは95％を超える所要時間を劣悪サービス状態の閾値とみなして,その改良対策を実施することが考えられている。そして,改良効果は平均値よりも閾値で見るほうが顕著となることが示されている[7]。このように交通ネットワーク信頼性は交通計画の新しい方向性を示しており,これからは交通移動の安定性に対するニーズが一層高まることが予想されるので,交通現象における変動性や不確定性を考慮することが不可欠となってくる。

1.3 交通量配分手法の再考証

ネットワークの交通需要分析において,交通量配分手法はこれまで大きな役割を果たしてきた。**交通量配分**は,所与のOD交通量を道路ネットワークに流す方法論であり,現在一般的によく用いられている配分推定法では,経路交通量が均衡状態を実現すると仮定されている。ワードロップのいう「各OD交通に対して利用経路の所要時間は等しく,非利用経路はそれ以上となる」状態を満たす,いわゆる**等時間配分**の考え方である[8]。この均衡状態は**利用者最適確定均衡配分**ともいわれている。**時間比配分**と同類の**利用者最適確率均衡配分**に対しても,同様に拡大定義をすることができる[9]。ここで,時間比配分とは,「所要時間の短い経路ほど選択率が高い」ことを満たす経路配分である。OD交通量の変動分布を外生的に与えることができれば,均衡配分の多数回実施により,交通量と所要時間の関係を利用して,リンクや経路の所要時間分布を推定する方法が考えられる。しかし,この方法で現実ネットワークの交通現象を記述することは,きわめて問題が多いと思われる。

OD交通量の変動分布を知ること自体が容易なことではないが,大きな問題点は,等時間均衡配分の仮説の現実性である。交通量配分に関する均衡状態の説明は明解であり,何となく理解できたような気になるが,やはり現実の現象面から納得できないのが事実であろう。この疑問を解くために,交通量配分が等時間均衡状態になるかどうか,簡単な2経路を対象に多数被験者による繰返

1.3 交通量配分手法の再考証

し経路選択実験を行ってみた．ところが，実験結果から均衡状態になる確証は得られなかったのである[10]．外国においてもシミュレーション実験で均衡状態の実現性の究明を試みた研究があるが，結論は必ずしも安定した均衡状態には収束しないとなっている[11]．したがって，これらの限られた実験分析結果からだけでも，実際の交通現象で等時間均衡が成立するという主張には無理があるように思えるのである．

等時間均衡配分が成立する場合，経路選択決定における情報の完全性，選択規準の同一性，OD需要の固定性が前提となっており，単純化かつ理想化された条件が想定されている．ところが，現実の経路選択行動においては選択行動に個人差があり，またその要因も所要時間のみとは限らない．情報精度によっても選択行動は影響を受けるし，また慣性力があるため交通状況が少々変化しても，しばらくは同一経路を継続選択する[12]．こうした経路選択行動の多様性は上述の実験においても確認されている．さらに，OD交通量はつねに変動するにもかかわらず，配分計算において特定時点の推定OD交通量を固定値として扱うことには問題がある．経路選択行動は交通量変動パターンの影響を受けて変化することも選択実験で観察されている[13]．加えて，配分対象の道路ネットワークは主要道路で記述された簡略ネットワークであり，現実道路ネットワークとは異なっている．

近年，実務の交通量配分手法に等時間あるいは時間比の均衡配分が求められるようになっている．その理由は，インプットデータが同じであれば，配分結果が同一になるべき，ということのようであるが，これだけでは社会に対する説得力に欠けるのではなかろうか．特に問題なのは，日単位でのOD交通量を均衡配分することである．OD交通量は朝と夕方でその流動パターンが変化するので，均衡配分による厳密な計算をしても，現実における交通流動の実態を具現しているとはいえず，無意味と思われる．

OD交通量は，変動するものの時間帯で見れば比較的安定していると思われるので，交通量配分は時間帯別に行うのが現実的であろう．しかし，現実再現性の高い交通量配分をするには，どのような方法を適用すべきなのか，という

問いには意見が分かれるところである。OD交通量逆推定モデルは時間帯別のOD交通量とそのOD別経路交通量を高精度で推定することができる。したがって，OD交通量逆推定モデルで得られる実際データを利用することにより，走行時間やOD距離，車種などによる経路選択行動の違いや，交通量変動による経路選択行動の変化を解明することが考えられる。また，等時間原則あるいは時間比原則に基づく均衡配分の現実性についても検証が可能である。このようにして，交通量配分理論の見直しがなされ，経路選択行動の新しいモデルが考証されることが期待される。

1.4 OD交通量逆推定モデルの実用化

　交通計画の基本データを作成する交通需要推定においては，これまで段階推定法が主要な役割を果たしてきた。**段階推定法**では，まずゾーンの発生・集中交通量を社会経済指標やアクセシビリティ指標に基づいて推定し，つぎにこのゾーン発生・集中交通量を所与として，重力モデルなどを用いてゾーン間OD交通量が算定される。さらに，このOD交通量は**モーダルスプリット**により交通機関別OD交通量に振り分けられる。そして最後に，交通機関別のOD交通量がそれぞれの経路交通量に配分される。すなわち，段階推定法では，ゾーン発生・集中交通量，OD交通量，モーダルスプリット，交通量配分というように段階的に推定作業が行われる。こうした段階推定法の問題点は，各段階での推定値が整合しないことが指摘されている。例えば，OD交通量がゾーン間の見込み所要時間による重力モデルで推定されたとすると，この交通量配分の結果からも経路所要時間が算定される。ところが，得られた経路所要時間が重力モデルで用いた見込みゾーン所要時間と一致するとは限らない。各段階での推定値を整合させるには，段階推定を繰り返す方法があるが，配分結果としての経路交通量が現実値と適合しない問題点が解消されるとは限らない。

　このように，従来の交通量調査方法における根本的な問題は，段階推定法を用いることに起因している。特に精度検証のデータとなるべき経路交通量の推

定値と現実値との不適合は，将来推定の場合は別にして，現状の交通流動分析においては段階推定法そのものの信憑性が問われている．また，現行の調査手法は特定の日単位交通現象を対象にしており，交通現象の日別変化については分析されておらず，また，時間帯別の交通流動の実態についても詳細な分析はなされていない．このことは，調査作業が膨大になることからやむを得ない事情ではあるが，既存の交通量調査方法で交通現象の本質である変動特性を分析解明することは困難である．

OD交通量逆推定モデルの開発研究はこれらの問題を解決することを目指したものである．OD交通量逆推定モデルの元来の発想は，リンク交通量の実測値からOD交通量を求める考え方で，段階推定法の逆手順となっていることから，このようなモデル呼称がなされている．OD交通量逆推定モデルを用いると，現実のリンク交通量に適合するようにOD交通量が推定されるので，段階推定における段階間の推定値が不適合となる問題は解消される．

OD交通量逆推定モデルは1970年代から研究が始められており[14]~[16]，おもなモデルとしては，既存の**OD交通量パターン**（OD交通量の相対比率）をターゲットとして，リンク交通量の推定値が観測値に近接するように推定計算される方法がある[17]．しかし，この方法の欠点は，OD交通量の推定値が**ターゲットOD交通量**のパターンに支配されるため，リンク交通量のデータ観測時点がOD交通量パターンの調査時点と異なるときは，正確な推定値を得られないことである．それゆえ，リンク交通量とOD交通量パターンの調査を同時点で実施しなければならない．1日だけの交通量調査であれば，その作業はそれほど困難ではないが，継続的な日別交通流動調査となると，既存の調査方法では実施不能であろう．もう一つの欠点は，原形モデルのままでは時間帯別のOD交通量を推定できないことである．**時間帯別OD交通量**を推定するには，時間帯別OD交通量パターンの事前データが必要であり，さらにリンク交通量の観測値もその時間帯に発生したトリップでなければならない．しかし，時間帯別OD交通量推定のためのインプットデータ作成に関する研究はこれまでに見当たらない．

1. 交通計画の新次元展開を求めて

逆推定モデルで時間帯別の OD 交通量と OD 別経路交通量を推定するには，そのインプットデータ作成に **ICT データ** を利用することで解決できる。本書では，OD 交通量逆推定モデルに関する二つの新しい方法を提案している。一つは**リンク交通量型**の逆推定モデルであり，もう一つは**ゾーン集中交通量型**の逆推定モデルである。リンク交通量型の逆推定モデルは，リンク交通量の推定値と現実値の残差平方和と，ゾーン発生交通量の推定値と現実値の残差平方和の総和を最小化する構造式となっている。そのおもな**事前データ**は，発生ゾーン別目的地選択確率，OD 別経路選択確率，ゾーン発生交通量比率である。一方，ゾーン集中交通量型の逆推定モデル式は，主要なゾーン集中交通量の推定値と観測値の残差平方和と，ゾーン発生交通量の推定値と現実値の残差平方和の総和を最小化する形である。そのおもな事前データは，発生ゾーン別目的地選択確率とゾーン発生交通量比率であり，OD 別経路選択確率は不要である。

リンク交通量型の逆推定モデルにおける**インプットデータ**の作成は，交通ネットワークにおけるいくつかの**スポット**で収集される**プローブカーデータ**を用いて行える。スポットを通過するのは OD 交通量の一部である経路交通量であるため，その経路選択確率がわかれば，その経路交通量を徐算することで**サンプル OD 交通量**が求められる。このことは交通量配分の逆算を意味している。したがって，どのスポットに対しても推定されるサンプル OD 交通量は同一とならねばならない。プローブカーデータでリンク走行時間を収集できるので，**ダイアル確率配分法のパラメータ調整**により，OD 別経路選択確率とサンプル OD 交通を同時推定することができる。得られたサンプル OD 交通量から，インプットデータである発生ゾーン別目的地選択確率とゾーン発生交通量比率を作成できる。

ゾーン集中交通量型の逆推定モデルに対するインプットデータの作成は，**携帯電話移動データ（スマホデータ）**あるいは **IC カードデータ**を利用することで行える。この逆推定モデルでは経路選択行動を考慮する必要がないので，ICT データによるサンプルデータから直接インプットデータとなる発生ゾーン別目的地選択確率とゾーン発生交通量比率が作成される。

実際の広域交通ネットワークに逆推定モデルを適用するとなると，そのゾーン数は大量であり，また対象域外関連の交通移動まで含めると，推定値であるOD交通量の個数は膨大となる．したがって，OD交通量をそのまま**未知変数**として取り扱うと，推定計算の実行が不能となる恐れがある．既存の逆推定モデルが実用化されていないのは，この弱点も関係している．このため，本モデルにおいてはOD交通量に関するインプットデータを発生ゾーン別目的地選択確率に変更し，ゾーン発生交通量を未知変数として扱っている．また，ゾーンの発生・集中交通量をゾーン域内の多数ノードに分担させ，交通ネットワーク流動の現実再現性を高める推定計算法を採用している．このような改良により，上述の逆推定モデルは，いずれも大規模で複雑な交通ネットワークに対しても適用可能な実用モデルとなっており，ICTデータを活用することにより，時間帯別のネットワーク交通流動を高精度で推定分析できるようになっている．

1.5　交通ネットワーク流動のモニタリングシステムの有用性

　ICTデータ活用によるリンク交通量型とゾーン集中交通量型のOD交通量逆推定モデルを用いることにより，**総合交通ネットワークの交通流動モニタリングシステム**を構築できる．ここで，総合交通ネットワークとは，道路，鉄道，バスをすべて含めた交通ネットワークを意味している．このモニタリングシステムにおいて，道路ネットワークの交通流動はリンク交通量型のOD交通量逆推定モデルで，鉄道ネットワークとバスネットワークの交通流動はゾーン集中交通量型のOD交通量逆推定モデルで推定できる．パーソントリップOD交通量から鉄道とバスへ分担率を推定する際は，ICTを活用した先進的なモーダルスプリットモデルの開発が実用化しつつある．

　道路ネットワークの交通流動に関する類似のモニタリングシステムはすでに存在しているが，道路リンクを対象にした交通量や速度などの流動状況を監視するものが主であり，ネットワーク視点からのOD交通量や経路交通量を計測

するシステムにはなっていない。また，鉄道やバスについては路線運行状況のモニタリングは行われているものの，乗客の流動状況を観測するシステムはまだ開発されていない。

総合交通ネットワークの交通流動モニタリングシステムを提案するのは，つぎのようなメリットが考えられるからである。第一は，複数の交通モードを乗り換えて移動するトリップをデータ化して実数推定できることである。乗客流動を調査する従来の**大都市交通センサス**では交通モードごと，あるいは路線ごとのトリップでしかデータ収集できなかったが，ICT利用によりデータ内容が格段に進歩することになる。このモニタリングデータを用いることで，総合交通ネットワークの視点から多様な交通マネージメントの検討が可能となる。第二は，時間帯別のネットワーク交通流動が高精度で推定できることである。これまで対象域における時間帯別のゾーン発生交通量やOD交通量，OD別経路交通量を知ることは困難であったが，このモニタリングデータが得られることで，時間帯の交通流動実態に適応した交通管理対策が実行できるようになる。第三は，各種要因による交通流の変動特性が分析解明できることである。この分析成果を利用して，さまざまな交通変動が生起するとしても，交通移動の安定性低下が極力回避できる，いわゆる交通ネットワーク信頼性の高い交通計画が策定できるようになる。第四は，必要なとき随時に交通流動変化を的確に観測できることである。それゆえ，交通対策事業の便益評価が容易に実施可能となり，従来のような事業ごとに行われる大掛かりな調査は必要がなくなる。

観光魅力度が高い都市では，観光シーズンに交通需要が大幅に増大し，観光地はもとより，周辺道路やターミナルなどで，深刻な混雑状況となる。この対策を講じるには，大量の観光客の回遊ルートとそのトリップ数を知ることが必要であるが，これらのデータはほとんど収集されていない。また，大きな祭事やマラソン，あるいはVIP来訪などのイベント時も交通流動が大きく変化し，市民生活にも多大の支障を及ぼしている。さらに，交通基盤施設に十分な余裕がない状況で，地震や水害などの大規模災害が発生すれば，交通機能が麻痺し

1.5 交通ネットワーク流動のモニタリングシステムの有用性

て，都市活動に深刻な停滞を来たすことは必至である．各種の都市計画事業や交通施設整備，交通管理対策によっても交通流動の大きな変化が生じる．このように，交通現象は需要面からと供給面からの両方でつねに変動している．したがって，通常から交通流がどのように変動するかをモニタリングし，予期しない重大な交通の遅延や損失を極力回避できる交通システムの実現が望まれる．また，交通流動モニタリングシステムによる交通流動変化の観測結果をフィードバックすることにより，ソフト面およびハード面から計画策定の精査や改善ができるので，交通マネージメントの高度化が実現される．

交通センサスや**パーソントリップ調査**は，これまでアンケート調査をベースにして実施されているが，収集データの質確保が困難なことや，段階推定法を用いていることなど，多くの問題点がある．しかし，ICTデータを活用する交通ネットワーク流動の逆推定モデルを適用すれば，従来の問題は解消されるとともに，交通モード別および時間帯別の交通流動を詳細に推定分析することができるようになる．既存の交通量調査はこれまで定期的に実施され，その度に大量の経費と労力を要しているが，ICTデータの利用により先進的な方法に変革されるのは時間の問題であろう．

このほかにも，土地空間情報とネットワーク流動モニタリングシステムとの結合による都市計画への適用や，交通ネットワークシミュレーションモデルのインプットデータ精緻化など，数多くの実用上における価値が考えられる．

学術的な面からも，ICTデータが個人属性データとリンクすることになれば，交通需要変動における要因分析の解明が進むであろうし，交通量予測モデルの研究開発が新しい概念で発展する可能性がある．さらに，モニタリングシステムは随時に交通流動変化を実数観測できるので，交通対策の事業効果に対する便益評価の新しい理論構築も考えられる．

交通流動モニタリングシステムにおける実用面および学術面の価値については6章で改めて論述するが，交通計画の新次元展開に多大の貢献をすることが期待される．

2 リンク交通量型の OD 交通量逆推定モデル

2.1 要　　旨

　交通ネットワークにおける OD 交通量の逆推定モデルには大きく分類して 2 種類ある。一つは，リンク交通量の観測値を用いて OD 交通量を逆推定する方法であり，OD ごとの経路交通量も一緒に求められる。もう一つは，4 章で詳しく説明するが，ゾーン集中交通量の観測値を用いて OD 交通量を逆推定する方法で，このモデルでは経路交通量は推定されない。本書では，前者を**リンク交通量型**の OD 交通量逆推定モデル，後者を**ゾーン集中交通量型**の OD 交通量逆推定モデルと呼ぶことにしている。リンク交通量"型"あるいはゾーン集中交通量"型"と称しているのは，モデル構造式においてリンク交通量あるいはゾーン集中交通量の残差だけでなく，ゾーン発生交通量の残差も関係することを意味している。

　リンク交通量型の OD 交通量逆推定モデルは，リンク交通量の推定値を観測値にできる限り近接するように計算するので，従来の段階推定法とは逆の発想であり，経路交通量の推定値が実際値と大きく乖離（かい）することはなくなる。この逆推定モデルの目的関数は，リンク交通量の推定値と観測値の残差平方和およびゾーン発生交通量の推定値と現実値の残差平方和の総和を最小化する数式構造となっている。リンク交通量だけに関する残差平方和を最小化するモデルも考えられるが，過去の研究から推定値が不安定になることが明らかになっている。その弱点を解決するために，ゾーン発生交通量に関する残差平方和と結合

させた目的関数の形になっている[18]）。

　この逆推定モデルにおいては**事前データ**が必要であり，これらを先決値として与えなければならない．事前データは既存交通量調査データからでも作成できるが，既存調査データとリンク交通量観測の時点がずれていれば，事前データが実際値と異なるため推定値が不正確になる．リンク交通量型の逆推定モデルはリンク交通量の観測時のOD交通量とOD別経路交通量を推定することを目的としており，事前データとリンク交通量を**同期**させることにより，観測時点ごとにこれらの推定値が更新できることになる．ICTデータを利用することができれば，事前データを正確に作成することができるので，OD交通量とOD別経路交通量を高精度で推定することが可能となり，またその更新も容易にできるようになる．

　この逆推定モデルの一つの特色は，ゾーンごとの発生交通量を**未知変数**としていることである．このため，未知変数の個数が発生ゾーン数となり，大規模ネットワークに対しても容易に適用することができる．そして，このことにより，対象域の内内OD交通量，内外OD交通量，外内OD交通量，外外OD交通量（通過交通量）を一括推定できる．

　ゾーン間OD交通量は，ゾーン別発生交通量をゾーン内ノードに分担させることにより，ノード間OD交通量に変換することができる．すなわち，大ゾーンを分割した現実的な小ゾーン間OD交通量が求められることになる．この算出は各ゾーンにおけるノードへの発生分担率と集中分担率を用いるが，これらも事前データとして，既存データあるいはICTデータを用いて作成できる．このゾーン間OD交通量からノード間OD交通量への変換は逆推定モデルおいて不可欠な作業であり，このことにより現実的な経路選択がなされ，経路交通量も正確な推定値が求められる．

　ここで特筆しておかねばならないのは，ICTデータの活用により時間帯別のネットワーク交通流動を推定できることである．ICTデータで事前データと観測リンク交通量を**同期**させることにより，時間帯別のOD交通量とOD別経路交通量が推定可能となる．このように，リンク交通量型のOD交通量逆推定モ

デルは既存の手法には見られない画期的な方法であり，交通ネットワーク流動のモニタリングシステムとしても利用できるので，今後の実際適用への普及発展が期待される．

2.2 リンク交通量型逆推定モデルの考え方

2.2.1 ネットワークにおけるセントロイドとノードの役割

従来の道路ネットワーク交通流分析では，例えば，**図 2.1** に示すようなネットワーク表示とゾーニングで行われるのが一般的である．各ゾーンにおいて現実のノードと仮想の**セントロイド**は**ダミーリンク**で結ばれており，ゾーンにおける発生・集中交通量はセントロイドで取り扱われ，ノードは通過機能を有するだけである．セントロイドによる発生・集中交通量の取り扱いは，交通量配分における計算作業上の都合から考えられた方法であり，セントロイドの発生・集中交通量の範囲は，対象道路ネットワークの記述レベルに対してかなり広くなっている．できるだけ実態を反映したネットワーク交通流を記述するには，セントロイドベースよりもノードベースでの発生・集中交通量の取り扱いが合理的かつ現実的である．それゆえ，セントロイドベースからノードベースの発生・集中交通量に変換する作業を行う必要があるが，これには二つの方法がある．

第一の方法は，**セントロイド間 OD 交通量（ゾーン間 OD 交通量）**を交通量配分することで，**ノード間 OD 交通量**に変換する考え方である．この方法を用いて，図 2.1 に示すセントロイド I とセントロイド J の間の OD 交通 IJ を例にとり，利用経路を考慮したゾーン内ノードへの発生・集中交通量を分担させ

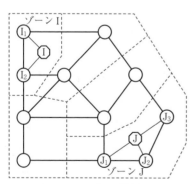

図 2.1 ゾーンセントロイドによる
　　発生・集中交通量の取り扱い

2.2 リンク交通量型逆推定モデルの考え方

てみる。

　セントロイドベースの発生・集中交通量をノードベースの発生・集中交通量に変換するには，セントロイド間のOD交通量配分により，セントロイドとノードを結ぶリンク上の方向別交通量で求められる。例えば，OD交通IJに関するノードI_1の発生交通量はリンクI→I_1上の交通量，集中交通量はリンクI_1→I上の交通量となる。同様にして，ノードJ_1，J_2，J_3の発生交通量と集中交通量は，セントロイドJから各ノードに向かうリンクの流出方向交通量と流入方向交通量でそれぞれ求められる。このようにして，すべてのOD交通IJを配分することにより，セントロイドとノードを結ぶ方向別の各リンク交通量の合計で，各ゾーン内のノード発生・集中交通量が得られる。

　この方法で問題となるのは，OD交通IJ間にはノードI_1，I_2およびノードJ_1，J_2，J_3を経由する多数の利用経路が存在するが，ノードJ_2を経由する経路は選択される可能性がきわめて低くなることである。なぜなら，ノードJ_2経由の経路はJ_1経由あるいはJ_3経由の経路に比べて，距離および時間が長くなるからである。したがって，この方法は効率的ではあるものの，この例のようにセントロイドJとノードJ_2を結ぶリンクの両方向交通量が配分の影響により極端に小さな値（最短経路配分ではゼロ）となることがあり，ノードJ_2における現実の発生・集中交通量が多い場合，大きな誤差が生じる。

　第二の方法は，ゾーンごとにセントロイドの発生・集中交通量を各ノードに対し事前に分担させる考え方である。例えば，セントロイドの発生・集中交通量を当該ゾーンにおける各ノードの通過交通量や周辺の土地利用状況を考慮して，ノードに分担させることができる。ICTデータを利用することができれば直接分担率を求めることができる。最も簡便な方法は，セントロイドの発生・集中交通量を各ノードに均等に分担させる方法である。しかし，第二の方法では，セントロイドの発生・集中交通量をノードに分担させる作業に加えて，ノード発生・集中交通量をノード間OD交通量に変換する作業が別に必要となる。

　OD交通量逆推定モデルを交通センサスのBゾーンに対応して実際適用するには，第二の方法が適している。なぜなら，後述するように，ゾーン内ノード

にゾーン（セントロイド）発生・集中交通量の分担率を与えることにより，ノード間 OD 交通量がゾーン発生交通量（セントロイド発生交通量）の関数で記述できるからである．このことにより，逆推定モデルはゾーン発生交通量のみを求める推定問題となる．この方法の利点は，逆推定モデルにおける未知変数がゾーンの個数だけで済むことであり，広域の対象ネットワークに対しても計算実行が可能となる．また，この方法を用いることにより，ゾーン間 OD 交通量を現実的なノード間 OD 交通量に容易に転換することができるので，ノード間 OD 交通量に対する経路交通量の精度向上にも寄与する．

2.2.2 ゾーン発生・集中交通量のノード分担方法

ゾーンのセントロイドで取り扱われる発生交通量および集中交通量を，ゾーン内の主要ノードに分担させる方法について，簡単なネットワークを用いて説明する．

OD 交通量逆推定モデルの適用対象地域における道路ネットワークとゾーニングが図 2.2 のように与えられているとする．この例では，対象地域が 3 個のゾーンで構成されており，ゾーン 1 ではノードが 2 個，ゾーン 2 ではノードが 3 個，ゾーン 3 ではノードが 2 個存在している．

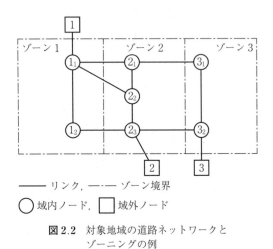

図 2.2　対象地域の道路ネットワークと
　　　　ゾーニングの例

2.2 リンク交通量型逆推定モデルの考え方

交通センサスにおける交通量データのゾーン単位が図のように大ゾーン（Bゾーン）で集計されているとする。この場合，交通量配分におけるゾーンの発生・集中交通量はセントロイドのみで行われ，ノードは通過機能のみであるとされることが多い。しかし，逆推定モデルを適用してBゾーンベースのOD交通量を高精度で推定するには，前述のように，セントロイドの発生・集中交通量をノードに分担させるのが合理的である。それゆえ，逆推定モデルにおいては，ノードに通過機能とともに発生・集中機能を持たせることにする。

大ゾーン（Bゾーン）の発生・集中交通量がセントロイドで行われるとして，各ゾーンにセントロイドを付与したのが**図2.3**であり，セントロイドとノードはダミーリンクで結合される。そして，セントロイドの発生・集中交通量はダミーリンクで結合されたノードで分担されるとする。

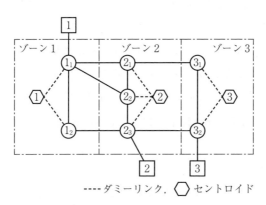

図2.3　ネットワークにおけるセントロイドとノードの関係

ゾーン（セントロイド）cからの発生交通量のゾーン内ノードc_iへの**ノード発生分担率**をα_{c_i}，ゾーン（セントロイド）dへの集中交通量のゾーン内ノードd_jからの**ノード集中分担率**をβ_{d_j}とする。

$$\sum_i \alpha_{c_i} = 1 \tag{2.1}$$

$$\sum_j \beta_{d_j} = 1 \tag{2.2}$$

ノード発生分担率α_{c_i}とノード集中分担率β_{d_j}の例を，図2.3のネットワーク

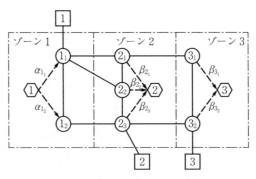

図 2.4 ノードの発生分担率と集中分担率の例

を用いて示したのが**図 2.4**である．ただし，ゾーン 1 を発生地点（出発地点），ゾーン 2 とゾーン 3 を集中地点（目的地点）としている．

ゾーンの発生交通量と集中交通量は，このノード発生分担率とノード集中分担率で各ノードに分担されることになる．発生ゾーン c におけるノード c_i の発生交通量を G_{c_i}，集中ゾーン d におけるノード d_j の集中交通量を A_{d_j} とする．ゾーン c の発生交通量を O_c，ゾーン d の集中交通量を Q_d とすると，発生ゾーン内のノード c_i が分担する発生交通量 G_{c_i}，集中ゾーン内のノード d_j が分担する集中交通量 A_{d_j} はそれぞれ以下の式で与えられる．

$$G_{c_i} = O_c \alpha_{c_i} \tag{2.3}$$

$$A_{d_j} = Q_d \beta_{d_j} \tag{2.4}$$

現実交通データでは，対象地域における OD 交通の種別，すなわち，**内内 OD 交通**（対象地域内での相互交通），**内外 OD 交通**（対象地域内から地域外への交通），**外内 OD 交通**（対象地域外から地域内への交通），**外外 OD 交通**（対象地域外から地域外への通過交通），また OD ペアによってノードの発生分担率および集中分担率が異なることが考えられる．ここでは簡略化のために，OD の種別やペアに関係なく同一のノード分担率で与えることにしているが，現実データがない場合の簡便的な方法である．ICT データが利用できる場合は，OD 交通の種別およびペアごとにノードの発生分担率と集中分担率が求められるので，その実際値を用いればよい．

2.2.3 ゾーン間 OD 交通量からノード間 OD 交通量への変換
〔1〕 対象域内から域内へのノード間 OD 交通量

対象域ネットワークにおける OD 交通量の内内比率と外内比率のイメージを示したのが**図 2.5** である。実際には，域内および域外とも多数ゾーンが面的に分布しているが，単純化のために，直線状にゾーンが並んでいるとしている。対象域は中央部に位置しており，その域内に多数のゾーンが分布している。対象域の両端外部は対象域外となっている。トリップ移動は，域内から域内への内内 OD 交通，域内から域外への内外 OD 交通，域外から域内への外内 OD 交通，域外から域外への外外 OD 交通（通過交通）の 4 種類である。ここで，域内のゾーン c からの発生交通量を O_c，域内ゾーン d への集中交通量を Q_d，域外ゾーン k からの流入交通量を S_k，域外ゾーン l（エル）への流出交通量を D_l，としている。

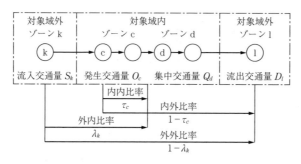

図 2.5 対象域 OD 交通の内内比率と外内比率のイメージ

域内ゾーン c の発生交通量が域内ゾーンに目的地を持つ確率，すなわち**内内比率**を τ_c，域外ゾーン k からの流入交通量が域内ゾーンに目的地を持つ確率，すなわち**外内比率**を λ_k とする。したがって，内外比率は $(1-\tau_c)$，外外比率は $(1-\lambda_k)$ である。

ゾーン内のノード発生分担率とノード集中分担率が与えられると，これらを用いてゾーン間 OD 交通量をノード間 OD 交通量に変換することができる。以下では，ゾーン間 OD 交通およびノード間 OD 交通のいずれも OD 交通種別ごと，すなわち，内内 OD 交通，内外 OD 交通，外内 OD 交通，外外 OD 交通

（通過交通）のそれぞれごとに取り扱うことにする。

内内OD交通量を定式化するために，ゾーンcのゾーン内ノードc_iの分担発生交通量を$G_{c_i}^I$と表示する。ここで，添字Iは内内OD交通を意味している。この$G_{c_i}^I$は，OD交通量の内内比率τ_cを用いて，式(2.3)から次式のように記述される。

$$G_{c_i}^I = \tau_c G_{c_i} = \tau_c O_c \alpha_{c_i} \tag{2.5}$$

OD交通量データが大ゾーン（Bゾーン）ベースで集計されていると，発生ゾーンcからの集中ゾーンdへの**目的地選択確率**m_{cd}は既定値として求められる。ここで，ゾーン間OD交通量をノード間OD交通量に変換するためにつぎのような仮定をする。すなわち，発生ゾーンの分担発生ノードc_iから集中ゾーンdへの目的地選択確率$m_{c_i,d}$は，発生ゾーンcから集中ゾーンdへの目的地選択確率m_{cd}と同一であるとする仮定する。

$$m_{c_i d} = m_{cd} \tag{2.6}$$

ただし，$\sum_d m_{c_i d} = 1$，および$\sum_d m_{cd} = 1$

厳密には，この仮定は正しいとはいえないが，現実からはそれほど大きく乖離することはないと思われる。目的地選択確率の変換を図2.4に対して例示したのが**図2.6**である。

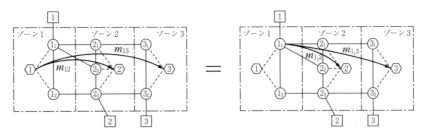

図2.6 ゾーン相互間からゾーン・ノード間への目的地選択確率の変換

一方，目的地ゾーンdへの集中交通量は，ゾーン内ノードd_jへノード集中分担率β_{d_j}で分担される。したがって，発生ノードc_iから集中ノードd_jへの目的地選択確率$m_{c_i d_j}$は次式で求められる。これを例示したのが**図2.7**である。

$$m_{c_i d_j} = m_{c_i d} \beta_{d_j} = m_{cd} \beta_{d_j} \tag{2.7}$$

2.2 リンク交通量型逆推定モデルの考え方

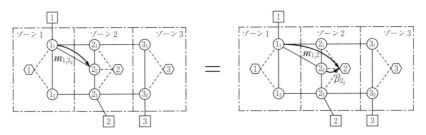

図 2.7 ノードベース目的地選択確率への変換

このようにして，ゾーン間 OD 交通量からノード間 OD 交通量へ変換が，式 (2.5) と式 (2.7) を用いて行える。すなわち，ノード c_i からノード d_j へのノード間 OD 交通量 $X_{c_id_j}$ は次式で与えられる。これを示したのが図 2.8 である。

$$X_{c_id_j} = G_{c_i}^I m_{c_id_j} = \tau_c O_c \alpha_{c_i} m_{cd} \beta_{d_j} = \tau_c O_c \alpha_{c_i} m_{cd} \beta_{d_j} \tag{2.8}$$

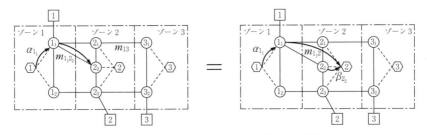

図 2.8 内内交通のノード間 OD 交通量の定式化

式 (2.8) において τ_c と m_{cd}，また α_{c_i} と β_{d_j} を事前値として与えると，O_c の値を推定することにより，ゾーン間 OD 交通量からノード間 OD 交通量に変換することができる。このように，OD 交通量逆推定モデルにおいては O_c のみが未知変数として取り扱われる。

〔2〕 **対象域内から域外へのノード間 OD 交通量**

対象域内から域外へのノード間 OD 交通量は，つぎのようにして求められる。ゾーン内における各ノードへの発生交通量の分担方法は先と同様である。ノードへの分担発生交通量が求まると，つぎは発生ノードから域外ノードへの目的地選択確率を求めなければならない。域内の発生分担ノード c_i から域外ノード1への目的地選択確率 $n_{c_i l}$ は，先と同様に考えて，域内の発生ゾーン c

から域外ノード l へ集中交通量（外周ノードへの流出リンク交通量）への目的地選択確率 n_{cl} と同じであると仮定する。これらの目的地選択確率は既存の OD 交通量データから求めることができる。

$$n_{c_i l} = n_{cl} \tag{2.9}$$

域内ノード c_i から域外ノード l への内外 OD 交通量 $Y_{c_i l}$ は，内内 OD 交通の場合と同じようにして，内外 OD 交通に関係するノード c_i の発生交通量 $G_{c_i}^E$ に目的地選択確率 $n_{c_i l}$ を乗算することにより得られる。ここで，添字 E は内外 OD 交通を表している。

$$Y_{c_i l} = G_{c_i}^E n_{c_i l} = (1 - \tau_c) O_c \alpha_{c_i} n_{cl} \tag{2.10}$$

このようにして内外 OD 交通に対しても，ゾーン発生交通量 O_c が定まれば，ノード間 OD 交通量が求められる。

〔3〕 対象域外から域内へのノード間 OD 交通量

対象域ネットワークの外周ノードを起点とする域内ゾーンへのノード間 OD 交通量は，大ゾーン（B ゾーン）ベースの既存 OD 交通量データを用いて，対象域を内包する広域圏交通量配分をすることにより算出することができる。これより，域外ノード k から域内ゾーン d への目的地選択確率 q_{kd} が求められる。ゾーン集中交通量のゾーン内ノードへの集中分担率 β_{d_j} が既述のように与えられているとすると，域外ノード k から域内ノード d_j への外内 OD 交通量 U_{kd_j} は次式で求められる。

$$U_{kd_j} = S_k^I q_{kd} \beta_{d_j} = \lambda_k S_k q_{kd} \beta_{d_j} \tag{2.11}$$

ここで，S_k は域外ノード k の発生交通量（外周ノード k から域内への流入交通量），添字 I は外内交通，λ_k は域外ノード k から発生（あるいは流入）する交通量が対象域内に目的地を持つ外内比率を表す。

なお，外内 OD 交通の S_k は観測リンク交通量となるので，このノード間 OD 交通量はゾーン発生交通量 O_c とは無関係に決められる。

〔4〕 対象域外から域外へのノード間 OD 交通量

域外ノード k から域外ノード l へのノード間 OD 交通量（通過交通量）W_{kl} も，上と同様にして，既存 OD 交通量データを用いた広域圏交通量配分により

2.2 リンク交通量型逆推定モデルの考え方

与えることができる．この外外 OD 交通量に対応する目的地選択確率を r_{kl}，域外ノード k からの発生交通量（外周ノードから域内への流入交通量）を，$(1-\lambda)S_k$ あるいは S_k^E と表示すると，OD 交通量 W_{kl} は次式で示される．ここに，添字 E は外外 OD 交通を表している．

$$W_{kl} = S_k^E r_{kl} = (1-\lambda_k) S_k r_{kl} \tag{2.12}$$

なお，外外 OD 交通のノード間 OD 交通量も外内 OD 交通と同じように，ゾーン内発生交通量とは無関係に決められる．

上述した各種 OD 交通量の関係を図示したのが**図 2.9** である．

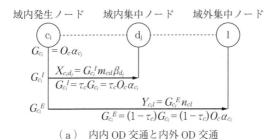

（a） 内内 OD 交通と内外 OD 交通

（b） 外内 OD 交通と外外 OD 交通

図 2.9 各種 OD 交通の関係と記述

各種 OD 交通量の記述をまとめたのが，**表 2.1** に示す OD 表である．OD 表における各部分の上段は通常の OD 交通量の記述，中段は域内あるいは域外のゾーン発生交通量に目的地選択確率を乗じた OD 交通量の記述，下段はゾーン発生交通量に域内比率あるいは域外比率に目的地選択確率を乗じた OD 交通量の記述である．OD 交通量の推定モデルでは下段の記述が用いられ，未知変数は O_c のみである．

表2.1 OD表と各種OD交通量の記述

O \ D		域内		域外		全域
		d_j	小計	l	小計	合計
域内	c_i	$X_{c_id_j}$ $G_{c_i}^I m_{cd} \beta_{d_j}$ $\tau_c O_c \alpha_{c_i} m_{cd} \beta_{d_j}$	$G_{c_i}^I$ $\tau_c O_c \alpha_{c_i}$	Y_{c_il} $G_{c_i}^E n_{cl}$ $(1-\tau_c) O_c \alpha_{c_i} n_{cl}$	$G_{c_i}^E$ $(1-\tau_c) O_c \alpha_{c_i}$	G_{c_i} $O_c \alpha_{c_i}$
	小計	$A_{d_j}^I$	G_c^I	D_l^I	G_c^E	O_c
域外	k	U_{kd_j} $S_k^I q_{kd}$ $\lambda_k S_k q_{kd}$	S_k^I $\lambda_k S_k$	W_{kl} $S_k^E r_{kl}$ $(1-\lambda_k) S_k r_{kl}$	S_k^E $(1-\lambda_k) S_k$	S_k
	小計	$A_{d_j}^E$	S^I	D_l^E	S^E	S
全域	合計	A_{d_j}	$G_c^I + S^I$	D_l	$G_c^E + S^E$	$O_c + S$

2.3 大ゾーンベースによるOD交通量逆推定モデル

2.3.1 基本型モデル

ゾーン間OD交通量を上述の方法でノード間OD交通量に変換することができるので,大ゾーンベースのOD交通量逆推定は,変換されたノード間OD交通量データに基づいて以下のように行う。このモデルを**基本型モデル**と呼ぶ。

逆推定モデルでOD交通量を推定するとき,ノード間OD交通のリンク利用確率を事前データとして与えなければならない。これにはいくつかの方法があるが,ここでは便宜的に既存OD交通量データから変換されたノード間OD交通量を交通量配分することによってノード間OD別リンク利用確率を与えることにする。後述するが,この事前値はICTデータを利用すれば正確に作成できる。OD別リンク利用確率が既知となると,OD交通種別ごとのノード間OD交通量に基づいたリンクaの利用交通量はつぎのように記述される。

〔リンク交通量〕

内内OD交通　　$v_{c_id_j}^a = X_{c_id_j} P_{c_id_j}^a = \tau_c O_c \alpha_{c_i} m_{cd} \beta_{d_j} P_{c_id_j}^a$ (2.13(a))

内外OD交通　　$v_{c_il}^a = Y_{c_il} P_{c_il}^a = (1-\tau_c) O_c \alpha_{c_i} n_{cl} P_{c_il}^a$ (2.13(b))

外内OD交通　　$v_{kd_j}^a = U_{kd_j} P_{kd_j}^a = \lambda_k S_k q_{kd} \beta_{d_j} P_{kd_j}^a$ (2.13(c))

外外OD交通　　$v_{kl}^a = W_{kl} P_{kl}^a = (1-\lambda_k) S_k r_{kl} P_{kl}^a$ (2.13(d))

ここで，v_{ij}^a は OD 交通 ij のリンク a の利用交通量，P_{ij}^a は OD 交通 ij のリンク a の利用確率を表している．

逆推定モデルにおいて，ノード間 OD 交通量は推定値となるので，リンク利用交通量の推定は式 (2.14) を用いて行える．すなわち，リンク交通量の推定値と観測値との間の残差平方和が最小になるように，OD 交通量を求めるのが逆推定モデルの考え方であり，これを**リンク交通量単独モデル**と称することにする．リンク交通量単独モデルという意味は，本書では記載していないが，ゾーン発生交通量の推定値と現実値の残差平方和だけで最小化する逆推定モデルも考えられるからである．このタイプの逆推定モデルを**発生交通量単独モデル**と称することにする．

これまでの研究から両モデルの推定特性が明らかになっている．リンク交通量単独モデルは，事前データと観測値に誤差がなければ正確な推定値が求められるが，現実には誤差が介在するので推定値が不安定になる性質がある．発生交通量単独モデルは推定値が既存のゾーン発生交通量パターンに強く支配されてしまう性質がある．こうした問題点を解消するために，リンク交通量単独モデルと発生交通量単独モデルを組み合わせた**結合モデル**が開発された経緯がある[18]．結合モデルでは，つねに安定した推定結果が得られるので，実務適用においては最も適しているタイプといえよう．ここでは，モデルの原形ともいうべきリンク交通量単独モデルを説明しておく．

〔**リンク交通量単独モデル**〕

$$\begin{aligned}
\Phi &= \sum_a \left(\widehat{v}_a - v_a^*\right)^2 \\
&= \sum_a \left[\left(\sum_{c_i} \sum_{d_j} \widehat{v}_{c_i d_j}^a + \sum_{c_i} \sum_l \widehat{v}_{c_i l}^a + \sum_k \sum_{d_j} \widehat{v}_{k d_j}^a + \sum_k \sum_l \widehat{v}_{kl}^a \right) - v_a^* \right]^2 \\
&= \sum_a \left[\left(\sum_c \sum_{i(c)} \sum_d \sum_{j(d)} \widehat{v}_{c_i d_j}^a + \sum_c \sum_{i(c)} \sum_l \widehat{v}_{c_i l}^a \right.\right. \\
&\qquad \left.\left. + \sum_k \sum_d \sum_{j(d)} \widehat{v}_{k d_j}^a + \sum_k \sum_l \widehat{v}_{kl}^a \right) - v_a^* \right]^2 \to \mathrm{Min} \qquad (2.14)
\end{aligned}$$

ここで，$\widehat{v}_a$ はリンク a の推定交通量，v_a^* はリンク a の観測交通量である．また，$i(c)$ はゾーン c に属するノード i，$j(d)$ はゾーン d に属するノード j を示

している。

上式をノード間OD交通量の形に直して記述すると，次式のように表示できる。

$$\Phi = \sum_a \Big[\Big\{ \sum_c \sum_{i(c)} \sum_d \sum_{j(d)} \tau_c \widehat{O}_c \alpha_{c_i} m_{cd} \beta_{d_j} P^a_{c_i d_j}$$
$$+ \sum_c \sum_{i(c)} \sum_l (1-\tau_c) \widehat{O}_c \alpha_{c_i} n_{cl} P^a_{c_i l}$$
$$+ \sum_k \sum_d \sum_{j(d)} \lambda_k S_k q_{kd} \beta_{d_j} P^a_{kd_j}$$
$$+ \sum_k \sum_l (1-\lambda_k) S_k r_{kl} P^a_{kl} \Big\} - v^*_a \Big]^2 \to \mathrm{Min} \qquad (2.15)$$

この式において，未知変数はゾーン（セントロイド）cの発生交通量である推定値$\widehat{O}_c$のみであり，他の変数はすべて事前の投入値として与えられる。なお，制約条件式はゾーン（セントロイド）cの発生交通量が非負になることである。

$$\widehat{O}_c \geq 0 \qquad (2.16)$$

〔結合モデル〕

ゾーン発生交通量パターン（ゾーン発生交通量の相対比率）に基づいたゾーン発生交通量の推定値と実際値の残差を加えた**結合モデル**について述べる。

$$\Phi = \sum_a \Big[\Big\{ \sum_c \sum_{i(c)} \sum_d \sum_{j(d)} \tau_c \widehat{O}_c \alpha_{c_i} m_{cd} \beta_{d_j} P^a_{c_i d_j}$$
$$+ \sum_c \sum_{i(c)} \sum_l (1-\tau_c) \widehat{O}_c \alpha_{c_i} n_{cl} P^a_{c_i l}$$
$$+ \sum_k \sum_d \sum_{j(d)} \lambda_k S_k q_{kd} \beta_{d_j} P^a_{kd_j}$$
$$+ \sum_k \sum_l (1-\lambda_k) S_k r_{kl} P^a_{kl} \Big\} - v^*_a \Big]^2$$
$$+ \sum_c \Big[\widehat{O}_c - \widehat{O} o'_c \Big]^2 \to \mathrm{Min} \qquad (2.17)$$

ここで，$\widehat{O} = \sum_c \widehat{O}_c$，$o'_c = O'_c / O'$である。$O'_c$および$O'$はそれぞれ事前データのゾーン発生交通量とゾーン発生交通量総計を表している。ゾーン発生交通量の推定値$\widehat{O}_c$の制約はリンク交通量モデルと同様に式(2.16)に示す非負条件である。

2.3.2 プローブカーデータ型モデル

既存OD交通量データを用いたOD交通量逆推定は上述の基本型モデルで行われるが，プローブカーデータが利用できる場合は，OD交通の内内・外内比率，ノード発生・集中分担率，ゾーン発生交通量比率，ノード間ODの目的地選択確率，およびリンク利用確率がすべて現実値で得られるので，より精度の高い推定をすることが可能となる．その場合の逆推定モデル式はつぎのように表示され，**プローブカーデータ型モデル**と呼ぶことにする．このモデルの特長は，ノード間OD交通の目的地選択確率が直接利用できることであり，そのためにノード集中分担率 β が不要となることである．

〔リンク交通量単独モデル〕

$$\Phi = \sum_a \left[\left\{ \sum_c \sum_{i(c)} \sum_d \sum_{j(d)} \tau_c \widehat{O}_c \alpha_{c_i} m_{c_i d_j} P^a_{c_i d_j} \right. \right.$$
$$+ \sum_c \sum_{i(c)} \sum_l (1-\tau_c) \widehat{O}_c \alpha_{c_i} n_{c_i l} P^a_{c_i l}$$
$$+ \sum_k \sum_d \sum_{j(d)} \lambda_k S_k q_{kd_j} P^a_{kd_j}$$
$$\left. \left. + \sum_k \sum_l (1-\lambda_k) S_k r_{kl} P^a_{kl} \right\} - v^*_a \right]^2 \to \text{Min} \qquad (2.18)$$

〔結合モデル〕

$$\Phi = \sum_a \left[\left\{ \sum_c \sum_{i(c)} \sum_d \sum_{j(d)} \tau_c \widehat{O}_c \alpha_{c_i} m_{c_i d_j} P^a_{c_i d_j} \right. \right.$$
$$+ \sum_c \sum_{i(c)} \sum_l (1-\tau_c) \widehat{O}_c \alpha_{c_i} n_{c_i l} P^a_{c_i l}$$
$$+ \sum_k \sum_d \sum_{j(d)} \lambda_k S_k q_{kd_j} P^a_{kd_j}$$
$$\left. \left. + \sum_k \sum_l (1-\lambda_k) S_k r_{kl} P^a_{kl} \right\} - v^*_a \right]^2$$
$$+ \sum_c \left[\widehat{O}_c - \widehat{O} o'_c \right]^2 \to \text{Min} \qquad (2.19)$$

これらのOD交通量逆推定モデルにおいては，上述したように，ゾーン発生交通量のみが未知変数として取り扱われ，発生ゾーン別目的地選択確率，OD別経路選択確率，対象域OD交通の内内比率，外内比率，ノード発生・集中分担率は事前データとして先決される．事前データの作成方法については，3章で詳しく述べる．

2.4 リンク交通量型逆推定モデルの計算方法

2.4.1 リンク交通量単独モデルの非負制約条件がない場合

理解を容易にするために，初めにリンク交通量単独モデルにおいて未知変数であるゾーン発生交通量 $\widehat{O}_c$ に非負制約条件がない場合について，その計算方法を説明する。

〔目的関数〕

$$\Phi = \sum_a \left[\left\{ \sum_c \sum_{i(c)} \sum_d \sum_{j(d)} \tau_c \widehat{O}_c \alpha_{c_i} m_{cd} \beta_{d_j} P^a_{c_i d_j} \right. \right.$$
$$+ \sum_c \sum_{i(c)} \sum_l (1-\tau_c) \widehat{O}_c \alpha_{c_i} n_{cl} P^a_{c_i l}$$
$$+ \sum_k \sum_d \sum_{j(d)} \lambda_k S_k q_{kd} \beta_{d_j} P^a_{kd_j}$$
$$\left. \left. + \sum_k \sum_l (1-\lambda_k) S_k r_{kl} P^a_{kl} \right\} - v^*_a \right]^2 \to \text{Min} \qquad (2.20)$$

この目的関数はゾーン発生交通量に関する非線形関数なので，目的関数の最適化は，前回に得られたゾーン発生交通量を確定値とする繰返し計算で行うことにする。ここに，τ，λ，m_{cd}，α_{c_j}，β_{d_j} は事前データとして先決される値である。未知変数は $\widehat{O}_c$ のみであるから，この目的関数の暫定解は，各発生ゾーン c に対する $\partial\Phi/\partial\widehat{O}_c = 0$ で与えられる連立方程式を解くことによって求められる。

$$\frac{\partial \Phi}{\partial \widehat{O}_c} = 2\sum_a \left[\left\{ \sum_c \sum_{i(c)} \sum_d \sum_{j(d)} \tau_c \widehat{O}_c \alpha_{c_i} m_{cd} \beta_{d_j} P^a_{c_i d_j} \right. \right.$$
$$+ \sum_c \sum_{i(c)} \sum_l (1-\tau_c) \widehat{O}_c \alpha_{c_i} n_{cl} P^a_{c_i l}$$
$$+ \sum_k \sum_d \sum_{j(d)} \lambda_k S_k q_{kd} \beta_{d_j} P^a_{kd_j}$$
$$\left. + \sum_k \sum_l (1-\lambda_k) S_k r_{kl} P^a_{kl} \right\} - v^*_a \right]$$
$$\times \left[\sum_d \sum_{j(d)} \tau_c \alpha_{c_i} m_{cd} \beta_{d_j} P^a_{c_i d_j} + \sum_l (1-\tau_c) \alpha_{c_i} n_{cl} P^a_{c_i l} \right] = 0 \qquad (2.21)$$

ここで

2.4 リンク交通量型逆推定モデルの計算方法

$$\sum_d \sum_{j(d)} \tau_c \alpha_{c_i} m_{cd} \beta_{d_j} P^a_{c_i d_j} + \sum_l (1-\tau_c) \alpha_{c_i} n_{cl} P^a_{c_i l} = J_{ca} \quad (2.22)$$

$$\sum_k \sum_d \sum_{j(d)} \lambda_k S_k q_{kd} \beta_{d_j} P^a_{kd_j} + \sum_k \sum_l (1-\lambda_k) S_k r_{kl} P^a_{kl} = H_a \quad (2.23)$$

と表記すると,式 (2.21) は次式のように示せる.

$$\sum_a \left\{ \sum_c \sum_{i(c)} \widehat{O}_c J_{ca} + H_a - v^*_a \right\} J_{ca} = 0 \quad (\text{各 c について}) \quad (2.24)$$

$\widehat{O}_c$ を求める計算は,式 (2.24) に示す連立一次方程式の繰返し演算で行える.以下に示す繰返し演算において,t 回目計算の推定値 $\widehat{O}_c$ を $\widehat{O}^{(t)}_c$,$t-1$ 回目計算の J_{ia} および H_a をそれぞれ $J^{(t-1)}_{ca}$,$H^{(t-1)}_a$ とする.

〔計算方法〕

ステップ 1:$J^{(t-1)}_{ca}$ および $H^{(t-1)}_a$ が前回の演算で決定されているので,これらを確定値として次式の連立一次方程式から $\widehat{O}^{(t)}_c$ が求められる.

$$\sum_a \left\{ \sum_c \sum_{i(c)} \widehat{O}_c J^{(t-1)}_{ca} + H^{(t-1)}_a - v^*_a \right\} J^{(t-1)}_{ca} = 0 \quad (2.25)$$

ステップ 2:$|\widehat{O}^{(t-1)}_c - \widehat{O}^{(t)}_c| \leq \varepsilon$ となれば,計算を終了する.ただし,ε は収束基準値.

そうでなければ,ステップ 3 に行く.

ステップ 3:$t \to t+1$ として,ステップ 1 に戻る.

2.4.2 リンク交通量単独モデルの非負制約条件がある場合

非負制約条件がないモデルでは発生交通量の推定値が負になることがあるので,非負制約条件を導入した計算法を提示する.このときのモデル式は以下のように記述される.

〔目的関数〕

$$\begin{aligned}
\Phi = \sum_a \Big[& \Big\{ \sum_c \sum_{i(c)} \sum_d \sum_{j(d)} \tau_c \widehat{O}_c \alpha_{c_i} m_{cd} \beta_{d_j} P^a_{c_i d_j} \\
& + \sum_c \sum_{i(c)} \sum_l (1-\tau_c) \widehat{O}_c \alpha_{c_i} n_{cl} P^a_{c_i l} \\
& + \sum_k \sum_d \sum_{j(d)} \lambda_k S_k q_{kd} \beta_{d_j} P^a_{kd_j} \\
& + \sum_k \sum_l (1-\lambda_k) S_k r_{kl} P^a_{kl} \Big\} - v^*_a \Big]^2 \to \text{Min} \quad (2.26)
\end{aligned}$$

〔制約条件〕

$$\widehat{O} = \sum_c \widehat{O}_c \tag{2.27}$$

$$\widehat{O}_c \geq 0 \tag{2.28}$$

ここで，ラグランジュ関数を用いて上の目的関数を以下のように書き換える。

$$L = \sum_a \left[\left\{ \sum_c \sum_{i(c)} \sum_d \sum_{j(d)} \tau_c \widehat{O}_c \alpha_{c_i} m_{cd} \beta_{d_j} P^a_{c_i d_j} \right. \right.$$
$$+ \sum_c \sum_{i(c)} \sum_l (1-\tau) \widehat{O} \alpha_{c_i} n_{cl} P^a_{c_i l} + \sum_k \sum_d \sum_{j(d)} \lambda_k S_k q_{kd} \beta_{d_j} P^a_{kd_j}$$
$$\left. \left. + \sum_k \sum_l (1-\lambda) S_k r_{kl} P^a_{kl} \right\} - v^*_a \right]^2 + \mu \left(\sum_c \widehat{O}_c - \widehat{O} \right) \to \text{Min} \tag{2.29}$$

クーン・タッカー条件から，ラグランジュ関数の最適解は以下の条件を満足しなければならない。

$$\frac{\partial L}{\partial \widehat{O}_c} = 2 \sum_a \left\{ \sum_c \sum_{i(c)} \widehat{O}_c J_{ca} + H_a - v^*_a \right\} J_{ca} + \mu \begin{cases} = 0, \text{ if } \widehat{O}_c > 0 \\ \geq 0, \text{ if } \widehat{O}_c = 0 \end{cases} \tag{2.30}$$

$$\frac{\partial L}{\partial \widehat{O}} = -\mu = 0 \tag{2.31}$$

$$\frac{\partial L}{\partial \mu} = \sum_c \widehat{O}_c - \widehat{O} = 0 \tag{2.32}$$

したがって，式(2.31)は不要となり，式(2.30)と式(2.32)のみが用いられる。求解計算は以下に示す連立一次方程式の繰返し演算で行われるが，非負制約条件がある場合は計算が少し面倒になる。なぜなら，毎回の $\widehat{O}_c^{(t)}$ を求める計算で非負条件を満たすようにしなければならないからである。

〔計算方法〕

ステップ1：$J_{ca}^{(t-1)}$ および $H_a^{(t-1)}$ が前回の演算で決定されているので，これらを確定値として次式の連立一次方程式から $\widehat{O}_c^{(t)}$ を求める。

$$\sum_a \left\{ \sum_c \sum_{i(c)} \widehat{O}_c J_{ca}^{(t-1)} + H_a^{(t-1)} - v^*_a \right\} J_{ca}^{(t-1)} = 0 \tag{2.33}$$

ステップ2：すべての変数 $\widehat{O}_c^{(t)}$ に対して，$\widehat{O}_c^{(t)} > 0$ のとき $\partial L / \partial \widehat{O}_c|_{\widehat{O}_c^{(t)}} = 0$，および $\widehat{O}_c^{(t)} = 0$ のとき $\partial L / \partial \widehat{O}_c|_{\widehat{O}_c^{(t)}} \geq 0$ を満たせば，$\widehat{O}_c^{(t)}$ が非負条件を満たす最適解となる。

そして，ステップ7に移る。

そうでないときは，$\widehat{O}_c^{(t)}$ を $\widehat{O}_c^{(t)}(s)$ と置き換えて，ステップ3に移る。

ステップ3：$s=0$ とする。

ステップ4：$\widehat{O}_c^{(t)}(s)<0$ となる変数 $\widehat{O}_c^{(t)}$ に対して，$\widehat{O}_c^{(t)}(s)=0$ とおいて変数集合から取り除く。また，$s-1$ において $\widehat{O}_{c'}^{(t)}(s-1)=0$ なる変数 $\widehat{O}_{c'}$ に対して，$\partial L/\partial \widehat{O}_{c'}|_{\widehat{O}_{c'}^{(t)}(s-1)} \geqq 0$ を満たさないとき，この変数 $\widehat{O}_{c'}$ を変数集合に新たに付け加える。

満たしているときは，そのままゼロとして変数集合から除外しておく。

ステップ5：$s \rightarrow s+1$ として，新たな変数集合で式 (2.33) から $\widehat{O}_c^{(t)}(s)$ を求める。

ステップ6：すべての変数 $\widehat{O}_c^{(t)}(s)$ に対して，$\widehat{O}_c^{(t)}(s)>0$ のとき $\partial L/\partial \widehat{O}_c|_{\widehat{O}_c^{(t)}(s)}=0$，および $\widehat{O}_c^{(t)}(s)=0$ のとき $\partial L/\partial \widehat{O}_c|_{\widehat{O}_c^{(t)}(s)} \geqq 0$ を満たせば，$\widehat{O}_c^{(t)}(s)$ が非負条件を満たす最適解となるので，$\widehat{O}_c^{(t)}(s) \rightarrow \widehat{O}_c^{(t)}$ とする。そして，ステップ7に移る。

そうでないときは，ステップ4に戻る。

ステップ7：$|\widehat{O}_c^{(t-1)} - \widehat{O}_c^{(t)}| \leqq \varepsilon$ となれば，計算を終了する。ただし，ε は収束基準値である。

そうでなければ，$t \rightarrow t+1$ として，ステップ1に戻る。

2.4.3 結合モデルの計算法

リンク交通量型の OD 交通量逆推定モデルは，リンク交通量の推定値と観測値の残差平方和に，ゾーン発生交通量の推定値と現実値の残差平方和を加えた総和を最小化するモデルである。このモデルの計算法は，非負制約条件のあるリンク交通量単独モデルの場合と基本的には同じであり，以下のように行われる。

〔目的関数〕

$$\Phi = \sum_a \Big[\Big\{ \sum_c \sum_{i(c)} \sum_d \sum_{j(d)} \tau_c \widehat{O}_c \alpha_{c_i} m_{cd} \beta_{d_j} P^a_{c_i d_j}$$
$$+ \sum_c \sum_{i(c)} \sum_l (1-\tau_c) \widehat{O}_c \alpha_{c_i} n_{cl} P^a_{c_i l}$$
$$+ \sum_k \sum_d \sum_{j(d)} \lambda_k S_k q_{kd} \beta_{d_j} P^a_{kd_j}$$
$$+ \sum_k \sum_l (1-\lambda_k) S_k r_{kl} P^a_{kl} \Big\} - v^*_a \Big]^2$$
$$+ \sum_c \Big[\widehat{O}_c - \widehat{O} o'_c \Big]^2 \to \text{Min} \qquad (2.34)$$

〔制約条件〕

$$\widehat{O} = \sum_c \widehat{O}_c \qquad (2.35)$$

$$\widehat{O}_c \geq 0 \qquad (2.36)$$

ここに，o'は推定時のゾーン発生交通量比率であり，事前データとして，$o'_c = O'_c / O'$で与えられる。

ラグランジュ関数を用いて式 (2.34) の目的関数を以下のように書き換える。

$$L = \sum_a \Big[\Big\{ \sum_c \sum_{i(c)} \sum_d \sum_{j(d)} \tau_c \widehat{O}_c \alpha_{c_i} m_{cd} \beta_{d_j} P^a_{c_i d_j}$$
$$+ \sum_c \sum_{i(c)} \sum_l (1-\tau) \widehat{O} \alpha_{c_i} n_{cl} P^a_{c_i l} + \sum_k \sum_d \sum_{j(d)} \lambda_k S_k q_{kd} \beta_{d_j} P^a_{kd_j}$$
$$+ \sum_k \sum_l (1-\lambda) S_k r_{kl} P^a_{kl} \Big\} - v^*_a \Big]^2 + \sum_c \Big[\widehat{O}_c - \widehat{O} o'_c \Big]^2$$
$$+ \mu \Big(\sum_c \widehat{O}_c - \widehat{O} \Big) \to \text{Min} \qquad (2.37)$$

クーン・タッカー条件からラグランジュ関数の最適解は，以下の条件を満足しなければならない。

$$\frac{\partial L}{\partial \widehat{O}_c} = 2 \sum_a \Big\{ \sum_c \sum_{i(c)} \widehat{O}_c J_{ca} + H_a - v^*_a \Big\} J_{ca} + 2 \Big(\widehat{O}_c - \widehat{O} o'_c \Big) + \mu \begin{cases} = 0, \text{ if } \widehat{O}_c > 0 \\ \geq 0, \text{ if } \widehat{O}_c = 0 \end{cases}$$
$$(2.38)$$

$$\frac{\partial L}{\partial \widehat{O}} = -2 \sum_c \Big(\widehat{O}_c - \widehat{O} o'_c \Big) o'_c - \mu = 0 \qquad (2.39)$$

$$\frac{\partial L}{\partial \mu} = \sum_c \widehat{O}_c - \widehat{O} = 0 \qquad (2.40)$$

計算方法は，2.4.2 項で述べたのと同様に，上記連立方程式の繰返しにより，クーン・タッカー条件を満たすように解集合 $\widehat{O}_c^{(t)}$ の削除と追加を行い，$\widehat{O}_c^{(t)}$ が収束するまで計算を続けることで求解できる．

2.5 推定精度の検証方法

OD 交通量逆推定モデルの推定精度は，リンク交通量の調査観測時における OD 交通量の真値が不明のため，つぎのような方法で検証することにする．その要点をいえば，逆推定された OD 交通量の推定誤差は，リンク交通量の推定誤差と相関関係を有すると考えられるので，この関係を利用する方法である．誤差精度の検証方法は，以下のように**基本精度検証**と**実際適用検証**の 2 段階で行われる．**図 2.10** は，その検証方法のフローチャートである．

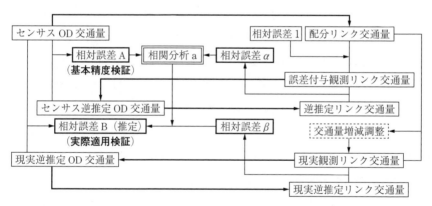

図 2.10 OD 交通量逆推定モデルの推定精度の検証方法

2.5.1 基本精度検証

既存のセンサス OD 交通量を用いて，交通量配分によりノード間 OD 別リンク利用確率とリンク交通量を求める．交通量配分結果がリンク交通量の真値（真の平均値）であると仮定して，この真値に対して，一定の相対誤差 1（例えば，20 %，40 %）を付与したリンク交通量をそれぞれの観測リンクに対し

て作成する。このようにリンク交通量に誤差変動を人為的に与えることによって，OD交通量推定精度の感度分析を行うことができる。観測リンクの位置と箇所数が変化すれば，感度分析の結果は異なってくるが，ここではこれらは固定されているとする。観測リンク交通量の相対誤差1がゼロであれば，逆推定OD交通量の真値が推定されるので，以後の精度検証において，相対誤差1がゼロのときを基本ケースということにする。

相対誤差1に対応した誤差付与観測リンク交通量を用いて，既存センサスに対するOD交通量を逆推定する。ここでは，既存センサスの上記配分リンク交通量が真値であるとして，誤差付与されたリンク交通量が観測されていると考えている。このようにして誤差付与された観測リンク交通量からの逆推定OD交通量と，既存センサスOD交通量の真値を比較することによって，その相対誤差Aを求めることができる。一方，得られた逆推定OD交通量と上記交通量配分によるノード間OD別リンク利用確率（真値とみなしている）からリンク交通量が推定されるので，この逆推定リンク交通量と逆推定に用いた誤差付与リンク交通量との間の相対誤差αが求められる。逆推定OD交通量の既存センサスOD交通量に対する相対誤差Aは，リンク交通量における観測値と推定値の相対誤差αが増大すると，増大する相関関係を有すると考えられる。それゆえ，相対誤差1を変化させることによって，相対誤差Aと相対誤差αの相関分析aが行える。この相関分析は，後述の調査観測時における逆推定OD交通量の誤差精度を推定することに用いられる。以上の作業は，OD交通量逆推定モデルの基本ケースをベースとする推定検証，すなわち基本精度検証である。

2.5.2 実際適用検証

つぎに，調査観測時の道路ネットワーク交通量が全体としてセンサス時に比べて増大あるいは減少している場合を想定して，逆推定モデルの検証を行う。この精度検証によって，逆推定モデルの実際適用性が確認できる。実際適用検証においては，調査時の観測リンク交通量を用いて逆推定モデルで現実OD交

通量が推定される．このとき大事なことは，調査時の観測リンク交通量は，基本ケースの交通量配分によるリンク交通量に対して，各リンクにおける交通量増減率の平均値が1となるように補正，すなわち交通量増減補正をしなければならないことである．交通量増減補正をする理由は，OD 交通量の推定誤差分析においてトータル OD 交通量増減の影響を除去しておく必要があるからである．つまり，トータル OD 交通量が既存データと調査時で同一レベルにあると仮定して，各リンク交通量の変動および観測値の誤差が存在するとして考えることにする．このようにして，調査時の交通量増減補正された観測リンク交通量から補正現実逆推定 OD 交通量が推定されるので，これを基本ケースのノード間 OD 別リンク利用率（真値）を用いて，補正現実逆推定リンク交通量を求める．そして，この補正現実逆推定リンク交通量と補正現実観測リンク交通量の間の相対誤差 β が求められる．既存センサス OD 交通量と補正現実逆推定 OD 交通量の相対誤差 B と，補正現実観測リンク交通量と補正現実逆推定リンク交通量の相対誤差 β の関係は，基本推定検証における相対誤差 A と相対誤差 α の相関関係と同一の相関関係にあると考えられるので，相対誤差 β が求まれば相対誤差 B が推定できる．なお，OD 交通量増減補正をしない調査観測時の OD 交通量は，調査時の観測リンク交通量からの逆推定結果として得ることができる．

ここでは，既存 OD 交通量データをセンサス OD 交通量で，また，OD 別リンク利用確率を配分リンク交通量で与えるとしているが，プローブカーデータが利用できる場合は，これらを既存の事前値として与えることができる．

この検証方法の概念を示したのが**図 2.11** である．リンク交通量の相対誤差 α と逆推定 OD 交通量の相対誤差 A の間には相関関係があるので，これを利用することができる．すなわち，調査観測時のリンク交通量の相対誤差 β と対応する逆推定 OD 交通量の推定誤差 B との間にも，同様の相関関係があるものと考えられる．ただし，既存 OD 交通量に対するリンク交通量と調査観測時のリンク交通量は同一レベルにあるとして補正がなされている．調査観測時のリンク交通量の既存リンク交通量に対する相対誤差 β が算定されると，上の

2. リンク交通量型のOD交通量逆推定モデル

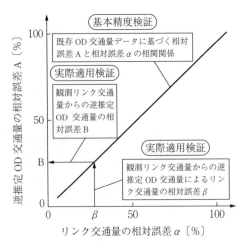

図2.11 基本精度検証と実際適用検証の概念図

相関関係を用いて逆推定OD交通量の推定誤差Bが求められる。ここではOD交通量の推定誤差として説明しているが，ゾーン発生交通量の推定誤差としても同じことである。なぜなら，発生ゾーン別および発生ノード別の目的地選択確率は事前値として固定されているからである。

奈良県の平成17年交通センサスデータ（Bゾーンベース）を用いて，このOD交通量逆推定モデルの推定精度を検証してみた[19]。発生交通量のゾーン数29に対して，これらを140のノードに分担させている。観測リンクはゾーン境界に近い68か所を選定した。リンク交通量とゾーン発生交通量の残差総和が最小となる結合モデルで推定したところ，逆推定OD交通量の相対誤差Aとリンク交通量の相対誤差αの相関式が図2.12のように得られた。

$$A = 0.3779\alpha + 0.0022 \quad (R^2 = 0.8947)$$

観測リンク交通量からの逆推定モデルによるリンク交通量の相対誤差はβ=31.6％なので，上式からOD交通量推定値の相対誤差はB=12.2％となることがわかる。

一方，リンク交通量単独型モデルで同様の誤差分析をすると，相対誤差Aと相対誤差αの関係式は，図2.13のようになる。

2.5 推定精度の検証方法　　39

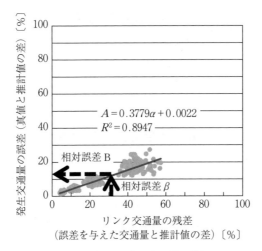

図2.12　結合モデルの実際適用検証例

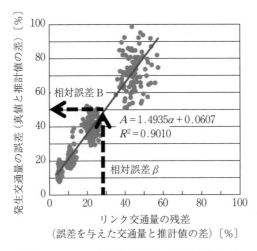

図2.13　リンク交通量単独型の実際適用検証例

$A = 1.4935a + 0.0607$　$(R^2 = 0.9010)$

相対誤差 β は 28.7 % であり，その結果，この逆推定モデルによる OD 交通量推定値の相対誤差 B は 48.9 % であることが判明する．

実際適用検証における二つのモデルタイプによる推定誤差の結果を見て興味深いのは，結合モデルはリンク交通量単独型モデルと比較して，リンク交通量

の誤差は大きいが，結果としての OD 交通量推定値の誤差は小さいことである．このことは，リンク交通量単独型モデルでは，リンク交通量の観測誤差が OD 交通量の推定誤差に大きく影響し，推定モデルとしては不安定であることを示している．

2.6 結合モデルの改良

結合モデルはリンク交通量単独モデルに比べて安定した推定値が得られるので実用的モデルといえる．課題はゾーン発生交通量の残差平方和とリンク交通量の残差平方和の重み付けである．既述したように，一方の残差の重みが過大（推定誤差が小さくなる）であれば，他方の推定誤差が大きくなり，いわばトレードオフの性質を有している．特に問題となるのは，ゾーン発生交通量残差の重みが過大なときである．この場合，ゾーン発生交通量残差の最小化制約が支配的となるため，ゾーン発生交通量の推定値が既存パターンにほぼ等しくなる．したがって，OD 交通量推定値がリンク交通量観測値からは更新できないことになる．さらに厄介なことは，リンク交通量の残差とゾーン発生交通量の残差が独立ではなく，たがいに影響し合っていることである．すなわち，結合モデルの定式化において，リンク交通量の残差項とゾーン発生交通量の残差項の双方に，未知変数である同一のゾーン発生交通量が含まれている．また，リンク交通量の残差項においてもリンク交通量におけるゾーン発生交通量がリンク間で独立ではなく相互依存する関係になっている．したがって，一般的な最小二乗法の原理をそのまま適用することはできないのである．

結合モデルにおけるリンク交通量残差とゾーン発生交通量残差の重みをどのように決めるかについては，いまのところ最善の方法は確立されていない．その一つの方法として，つぎのような考え方ができる．結合モデルの定式化は，リンク交通量とゾーン発生交通量に関する絶対値での残差平方和で記述されている．これを相対値による残差平方和で表示し，それぞれリンク観測数と発生ゾーン数で除する方法である．すなわち，リンク交通量の相対残差およびゾー

ン発生交通量の相対残差に関するそれぞれの平均値で重み付けを均等化している．この定式化を式 (2.41) に示している．この式において，第 2 項の分母にある O_c' は $\widehat{O}o_c'$ とすべきであるが，推定計算の都合から O_c' で近似化している．

$$\Phi = \frac{1}{N_v}\sum_a \left(\frac{\widehat{v}_a - v_a^*}{v_a^*}\right)^2 + \frac{1}{N_O}\sum_c \left(\frac{\widehat{O}_c - \widehat{O}o_c'}{O_c'}\right)^2 = \text{Min} \qquad (2.41)$$

ここに

N_v = 観測リンク総数

N_O = 発生ゾーン総数

既存交通量データを使用する場合，第 2 項分母の O_c' をこのように代用してもそれほど問題はないが，プローブカーデータのようにサンプルデータの場合，代用値と現実値は大きく異なるので，その対応策が必要である．それには式 (2.17) で仮の値として $\widehat{O}_c$ を求めて，これを O_c' として代用できる．すなわち，2 段階での推定計算となる．

この考え方は，両者の残差平方和の大きさを均等化することが目的である．この定式化では，リンク交通量の観測地点数が変化しても，相対残差の平均値を用いるので，その影響は少ないと思われる．このように残差を相対値での平均値で表すことにより，リンク交通量残差とゾーン発生交通量に関する各残差の重みが均等化されるので，リンク交通量の観測値を用いて随時 OD 交通量の更新が可能になると考えられる．

2.7 時間帯別 OD 交通量の逆推定法

時間帯別 OD 交通量の逆推定計算は，日単位の場合とまったく同様に行える．**時間帯別 OD 交通量**とは，当該時間帯にトリップ発生する OD 交通量を意味している．プローブカーデータを利用すれば，対象地域の内内 OD 交通，内外 OD 交通，外内 OD 交通，外外 OD 交通（通過交通）のそれぞれに対する事前データとしての時間帯別サンプル OD 交通量 $\overline{x}_{cd}^*(\delta)$, $\overline{y}_{cl}^*(\delta)$, $\overline{u}_{kd}^*(\delta)$, $\overline{w}_{kl}^*(\delta)$

を作成することができる。ここに，δ は時間帯を表わしている。この方法については次章で詳しく説明する。時間帯別サンプル OD 交通量が得られると，**時間帯別発生ゾーン別目的地選択確率**は以下のように作成できる。

内内 OD 交通　　$m_{cd}(\delta) = \dfrac{\bar{x}_{cd}^*(\delta)}{\sum_d \bar{x}_{cd}^*(\delta)}$　　　　　(2.42 (a))

内外 OD 交通　　$n_{cl}(\delta) = \dfrac{\bar{y}_{cl}^*(\delta)}{\sum_l \bar{y}_{cl}^*(\delta)}$　　　　　(2.42 (b))

外内 OD 交通　　$q_{kd}(\delta) = \dfrac{\bar{u}_{kd}^*(\delta)}{\sum_d \bar{u}_{kd}^*(\delta)}$　　　　　(2.42 (c))

外外 OD 交通　　$r_{kl}(\delta) = \dfrac{\bar{w}_{kl}^*(\delta)}{\sum_l \bar{w}_{kl}^*(\delta)}$　　　　　(2.42 (d))

時間帯別ゾーン発生交通量比率についても，つぎのように作成できる。

$$o'_c(\delta) = \frac{\sum_d \bar{x}_{cd}^*(\delta) + \sum_l \bar{y}_{cl}^*(\delta)}{\sum_c \sum_d \bar{x}_{cd}^*(\delta) + \sum_c \sum_l \bar{y}_{cl}^*(\delta)} \qquad (2.43)$$

時間帯別の OD 交通量逆推定において留意しなければならないのは，時間帯別観測リンク交通量と時間帯別 OD 交通量を同期させねばならないことである。なぜなら，現実の時間帯別リンク交通量には異なる時間帯に発生した OD 交通量が混在しているからである。それゆえ，現実の時間帯別リンク交通量を観測値として用いても時間帯別 OD 交通量を正確には推定できない。時間帯別 OD 交通量を推定するには，当該時間帯に発生した OD 交通だけが通過するリンク交通量を時間帯別観測値として与えなければならない。しかし，時間帯別 OD 交通量に同期する時間帯別観測リンク交通量を実測することはできないので，次式による推定値を用いることにする。

$$v_a^*(\delta) = \frac{\bar{v}_{CD}^a(\delta) + \bar{v}_{CL}^a(\delta) + \bar{v}_{KD}^a(\delta) + \bar{v}_{KL}^a(\delta)}{\sum_\delta \{\bar{v}_{CD}^a(\delta) + \bar{v}_{CL}^a(\delta) + \bar{v}_{KD}^a(\delta) + \bar{v}_{KL}^a(\delta)\}} v_a^* \qquad (2.44)$$

ここに，$v_a^*(\delta)$ は逆推定のための時間帯別観測リンク交通量を表している。また，時間帯 δ における内内 OD 交通，内外 OD 交通，外内 OD 交通，外外 OD

交通ごとにリンクaの利用交通量（プローブカーデータ）をそれぞれ合計した値を $\bar{v}_{CD}^a(\delta)$, $\bar{v}_{CL}^a(\delta)$, $\bar{v}_{KD}^a(\delta)$, $\bar{v}_{KL}^a(\delta)$ としている。

〔時間帯別観測リンク交通量〕

内内 OD 交通　　　$\bar{v}_{CD}^a(\delta) = \sum_c \sum_d \bar{x}_{cd}^*(\delta) P_{cd}^a(\delta)$　　　　(2.45（a）)

内外 OD 交通　　　$\bar{v}_{CL}^a(\delta) = \sum_c \sum_l \bar{y}_{cl}^*(\delta) P_{cl}^a(\delta)$　　　　(2.45（b）)

外内 OD 交通　　　$\bar{v}_{KD}^a(\delta) = \sum_k \sum_d \bar{u}_{kd}^*(\delta) P_{kd}^a(\delta)$　　　　(2.45（c）)

外外 OD 交通　　　$\bar{v}_{KL}^a(\delta) = \sum_k \sum_l \bar{w}_{kl}^*(\delta) P_{kl}^a(\delta)$　　　　(2.45（d）)

時間帯別 OD 交通量の逆推定に用いる式(2.44)の時間帯別リンク交通量 $v_a^*(\delta)$ は，実測の日単位リンク交通量 v_a^* に，プローブカーデータによる時間帯別観測リンク交通量の日単位観測リンク交通量に対する比率を乗じた形となっている。このようにして時間帯別観測リンク交通量が定まると，逆推定モデルを用いて時間帯別 OD 交通量を推定計算することができる。なお，式(2.44)については，次章の式(3.12)で改めて説明する。

2.8　本章のまとめ

　OD 交通量逆推定モデルは，従来の段階推定法とは逆の発想で，道路リンクの観測交通量から対象道路ネットワークにおけるゾーン発生交通量，OD 交通量，経路交通慮を推定する方法である。事前値データとしては，発生ゾーン別目的地選択確率，OD 別リンク利用確率，OD 交通量の内内比率と外内比率であるが，これらをプローブカーデータで入手できれば，推定精度が格段に向上する。プローブカーデータは現在のところ個人情報保護のため利用規制が厳しいが，早期の緩和が望まれる。そうなれば，道路交通センサスの調査方法も，従来のようなアンケート調査に基づく方法から抜本的に変革されることになろう。

　以下にリンク交通量型の OD 交通量逆推定モデルの特色をまとめておく。

- 段階推定法とは逆の発想であり，リンク交通量の実際値に推定値を適合させる推定方法で，OD 交通量と OD 別経路交通量が正確に推定できる。
- おもな事前データは，ゾーン発生交通量比率，発生ゾーン別目的地選択確率，OD 別リンク利用確率，対象域 OD 交通量の内内比率と外内比率であり，ICT データを用いて高精度で作成できる。
- 未知変数の個数は発生交通量のゾーン数であるため，大規模ネットワークに対しても容易に適用可能である。
- 対象域 OD 交通量が内内，内外，外内，外外で一括推定できる。
- ゾーン間 OD 交通量から現実的なノード間 OD 交通量への転換は，ゾーン発生交通量をゾーン内ノードの発生・集中分担率を用いて行える。
- 時間帯別の OD 交通量と OD 別経路交通量推定できる。このとき，事前値である時間帯別のリンク交通量とサンプル OD 交通量が同期していることが必須である。

3 リンク交通量型逆推定モデルの事前データ作成法

3.1 要　　旨

　リンク交通量型のOD交通量逆推定モデルを実際適用するには，事前データである発生ゾーン別目的地選択確率，ゾーン発生交通量比率，OD別リンク利用確率をどのように作成するかが重要な作業となる。プローブカーデータを利用すれば，これらの事前データを直接作成することが可能である。しかし，事前データのうちOD別リンク利用確率のデータ精度を確保するには大量のデータ収集をする必要があり，その作業も煩雑になることが予想される。最近，**ETC2.0**による新しい道路交通サービスの情報収集提供システムが進展している。ETC2.0は，道路沿いに設置された通信機器と対応車載器との間の交信により，車両走行の移動データ（プローブカーデータ）を収集して，交通渋滞・規制の情報提供や安全運転の支援をすることなどを目的としている。道路上のETC2.0システム機器の設置地点は**ITS**（intelligent transport systems）**スポット**（以後，単に**スポット**ということがある）と呼ばれており，ITSスポットで収集されるプローブカーデータ（**ITSスポットデータ**，あるいは単に**スポットデータ**）を利用することによって，事前データとしての**発生ゾーン別目的地選択確率**，**ゾーン発生交通量比率**，**OD別リンク利用確率**を効率的に高精度で作成することができる。

　ITSスポットで収集される交通量は，正確にいえばスポットを通過する経路交通量であり，OD交通量の一部としてのサンプルデータでしかない。それゆ

え，OD別経路交通量のサンプルデータからOD交通量としてのサンプルデータ，すなわち**ETCサンプルOD交通量**（あるいは，単に**サンプルOD交通量**）に変換することが必要となる．

その方法としては，OD交通のITSスポットの通過確率（**OD別スポット通過確率**）を利用することができる．OD別スポット通過確率はOD別リンク利用確率に含まれるものであり同義であるが，これらをITSスポット通過の経路交通量から直接求めることは困難である．なぜなら，OD交通の経路選択は多様であり，ITSスポットを経由しない経路が多数存在するからである．このため，ITSスポットデータから経路上リンクの走行時間データを収集し，確率配分手法を用いてOD別スポット通過確率を推定することにする．

OD別スポット通過確率が得られると，ITSスポットでデータ収集される各OD交通の経路交通量（**OD別スポット収集交通量**）をそのOD別スポット通過確率で除することにより，ETC2.0によるサンプルOD交通量を求めることができる．OD別スポット通過確率が真値であれば，どのスポットに対してもサンプルOD交通量は同じ値にならねばならない．なぜなら，サンプルOD交通量に対するOD別スポット通過確率による配分結果がその経路交通量（OD別スポット収集交通量）になるからである．それゆえ，サンプルOD交通量がどのスポットに対しても同一となるように，ダイアル法の配分パラメータを調整することにより，OD別スポット通過確率を推定できることになる．そして，その結果として，サンプルOD交通量も同時に推定される．このようにして得られたサンプルOD交通量から，事前データである発生ゾーン別目的地選択確率とゾーン発生交通量比率が作成される．

ところが，ETC2.0で収集されるプローブカーデータはスポット通過前の記録しかなく，いまのところODトリップデータとしての利用には適していない．ETC2.0スポットの整備が今後拡大すれば，通過車両IDを追跡することによってトリップの起終点をとらえることが可能である．しかし，偏りのないサンプルOD交通量をETC2.0で求めるには，すべてのゾーン境界上の道路リンクにスポットを設置することが必要であり，その実現は，すぐにはきわめて

困難と思われる．そこで，ETC2.0データを補完するために他のプローブカーデータとの融合が考えられる．この方法でサンプルOD交通量データを作成することができるが，ETC2.0スポットの設置箇所が不十分な場合は，欠落ODペアが出現するので，その補完法も考案しなければならない．

ダイアル法の適用によるサンプルOD交通量データの作成法は，ETC2.0データに限定されるものではない．一般的なプローブカーデータを複数スポットで収集すれば，同様の方法でサンプルOD交通量とOD別経路選択確率を推定できる．

3.2 OD別スポット収集交通量のデータ収集法

ETC2.0プローブカーデータは，スポット通過前の走行データ（80 km以前）なので，トリップの発生ゾーンは確定できるが，到着ゾーンは不明である．そこで，つぎのような方法を用いて，トリップごとの起終点を求めることにする．単純化のために，図3.1のように，中央部に3個の対象域内ゾーンと両端に2個の域外ゾーンが直線状に分布しているとする．そして，道路リンク上の各ゾーン境界にはすべてITSスポットが設置されているとしている．

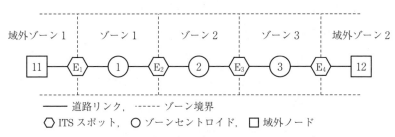

図3.1　OD別スポット通過交通量のデータ収集

いまITSスポットE_2において検出されたトリップが，ゾーン1から発生したものと判明しているとする．このトリップがスポットE_3で検出され，スポットE_4で検出されなければ，トリップはゾーン3で終結したものと考えられる．これより，このトリップはゾーン1からゾーン3へのOD交通であると

判定される．同様に，域外ゾーン 11 からの発生トリップが ITS スポット E_1 だけで検出され，ITS スポット E_2 で検出されない場合は，域外ゾーン 11 から域内ゾーン 1 への OD トリップということになる．要するに，車両の移動方向に沿って，道路リンク上のゾーン境界における上流側 ITS スポットでトリップが検出され，その下流側 ITS スポットで非検出となれば，トリップはその間のゾーンに集中したとみなすことができる．この方法は，トリップの発生地点を確定することにも適用できる．すなわち，あるゾーンにおける境界スポットの上流側で検出されなかったトリップがその下流側で初めて検出されると，トリップは当該ゾーンからの発生と判別することができる．このようにトリップ走行経路上の ITS スポット通過車両を移動方向に沿って順次照合することにより，OD 交通の起終点を知ることができる．

上例を一般的な道路網に拡大してイメージしたのが図 3.2 である．ゾーン発生交通量はセントロイドでまとめて行われ，ゾーン境界の道路リンク上のすべてに ITS スポットが設置されているとしている．一般的な道路網においても，

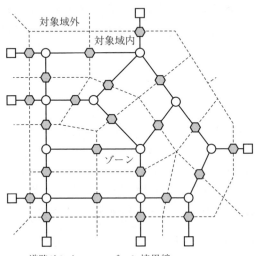

図 3.2 OD 別スポット収集交通量データ収集のイメージ

図 3.1 と同じように，車両の移動方向に沿って，ゾーン境界上の ITS スポット通過車両を順次照合していく。そして，上流側スポットで検出されたトリップが下流側スポットのすべてで非検出となれば，その間のゾーンがトリップ終着点となる。逆に，上流側スポットで非検出のトリップが下流側で検出されると，このゾーンからの発生トリップとなる。このようにしてトリップごとに起終点が検出されるので，起終点 cd について集計した値が**サンプル OD 交通量** $\bar{x}_{cd}$ となる。ここで留意すべきことは，ゾーン境界における隣接スポット間でのトリップ照合をするとき，時間間隔の閾値を設定しなければならないことである。トリップの走行移動中に目的地でなくても短時間の停車や駐車があるので，その余裕時間を見込んだ隣接スポット間の走行時間をその閾値とすることが考えられる。この時間間隔の閾値を超えると，トリップはそのゾーンを発生ゾーンあるいは終着ゾーンとみなすことができる。

ゾーン発生交通量比率もこの方法を用いて容易に求めることができる。上述したように，あるゾーンにおける流入側 ITS スポットで非検出のトリップが流出側 ITS スポットで検出されると，そのトリップは当該ゾーンからの発生とみなされる。したがって，ゾーンごとに発生トリップを合計することで，ITS スポットデータを用いて発生交通量 o_c^e が得られる。

$$o_c^e = \sum_s g_c^s \tag{3.1}$$

ここに，g_c^s はゾーン c の境界上における流出側 ITS スポット s のみで検出されるトリップ数である。

これより，**ゾーン発生交通量比率** o_c' は次式で得られる。

$$o_c' = \frac{o_c^e}{\sum_c o_c^e} \tag{3.2}$$

しかし，ゾーン境界の道路リンク上のすべてに ITS スポットが設置されるのは理想状態であり，実現するとしても長期を要すると思われる。そのため，現況においてトリップ終着地点が不明な ITS スポットデータを補完する方法を考えねばならない。

一つの方法としては，民間プローブカーデータを利用することができる．ITSスポットsを通過するプローブカーデータで発生ゾーンcが検出されると，図3.3に示すように，民間プローブカーデータを用いて，これに対応するゾーンcから発生しITSスポットsを通過するトリップ，すなわちETC2.0プローブカーデータのトリップとランダム検索照合し，その終着ゾーンを検出する．このランダム検索照合を発生ゾーンcからのトリップについてITSスポット収集交通量と同数だけ行うことにより，ITSスポットの**OD別スポット収集交通量**（経路交通量）$\dot{x}_{cd}^s$が得られる．民間プローブカーデータを容易に利用できるのであれば，ランダム検索照合なしにOD別スポット収集交通量を直接収集する方法もあるが，そのときでもスポットごとの収集交通量観測値にサンプル数を一致させるように調整しなければならない．ランダム検索する意味は，民間プローブカーデータを補完利用する場合においても，ゾーンcから発生しITSスポットsを通過するトリップは，サンプルの偏りを避けるために，膨大なデータからのランダム抽出による検索照合が必要と思われるからである．民間プローブカーデータを補完利用する場合，ITSスポットで収集される発生ゾーンごとのトリップ数を一致させることの有効性については今後の研究課題である．この理由は，ITSスポット収集量だけを一致させるランダム検出法も考えられるからである．

限られた特定地点でしかITSスポットが整備されていない状況では，このようにして事前データとしてのサンプルOD交通量を得ることは困難で，また

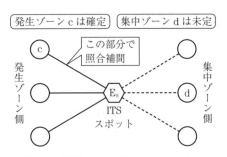

図3.3 民間プローブカーデータによる
ODトリップ終着点の検出方法

OD 別経路選択確率，あるいは OD 別リンク利用確率も知ることはできない。その場合は，以下のような方法で事前データを作成することにする。

3.3 事前データの作成法

3.3.1 日単位 OD 交通量逆推定

〔1〕 発生ゾーン別目的地選択確率

ITS スポットで収集される OD 交通ごとの通過交通量，すなわち **OD 別スポット収集交通量**は，サンプル値としての OD 交通量の一部である経路交通量なので，ETC サンプル OD 交通量をつぎのような方法で推定する。

ITS スポット s で収集される OD 交通 cd の経路交通量，すなわち OD 別スポット収集交通量を $\dot{x}_{cd}^s$ とする。この OD 交通 cd のスポット s を通過する **OD 別スポット通過確率** P_{cd}^s が既知であれば，スポット s による OD 交通 cd の **ETC サンプル OD 交通量** $\widehat{x}_{cd}^s$ は次式で求められる。

$$\widehat{x}_{cd}^s = \frac{\dot{x}_{cd}^s}{P_{cd}^s} \tag{3.3}$$

ここで，OD 別スポット通過確率は OD 別リンク利用確率と同義であるが，OD トリップのデータ収集が ITS スポットで行われるので，区別するためにこのように呼ぶことにする。

ITS スポット s の OD 別スポット収集交通量 $\dot{x}_{cd}^s$ は実測値であり，OD 別スポット通過確率 P_{cd}^s が真値であれば，式 (3.3) による ETC サンプル OD 交通量の推定値はどのスポットに対しても同一となる。なぜなら，サンプル OD 交通量の真値を OD 別スポット通過確率の真値で交通量配分すれば，スポットで観測される OD 別スポット収集交通量（OD 別経路交通量）になっているからである。すなわち，上の式 (3.3) は交通量配分とは逆の関係式となっている。しかし，OD 別スポット通過確率 P_{cd}^s が真値でなければ，スポットによって式 (3.3) で推定されるサンプル OD 交通量は異なった値となる。このことを考慮して，ITS スポットが多数ある場合は，各スポットによる推定値 $\widehat{x}_{cd}^s$ の平均値

を算出し，これを ETC サンプル OD 交通量の暫定推定値 $\bar{x}_{cd}$ とする．

$$\bar{x}_{cd} = \frac{1}{N_s}\sum_s \hat{x}_{cd}^s = \frac{1}{N_s}\sum_s \frac{\dot{x}_{cd}^s}{P_{cd}^s} \tag{3.4}$$

ここに，N_s は ITS スポットの総数である．

このサンプル OD 交通量の暫定推定値は，後述するように，スポットごとのサンプル OD 交通量が同一となるようダイアル配分パラメータを調整することにより補正される．この補正されたサンプル OD 交通量を $\bar{x}_{cd}^*$ と表示する．

補正サンプル OD 交通量の推定値 $\bar{x}_{cd}^*$ が得られると，リンク交通量型の OD 交通量逆推定モデルで用いられる事前値としての**発生ゾーン別目的地選択確率** m_{cd} は，つぎのように求められる．

内内 OD 交通
$$m_{cd} = \frac{\bar{x}_{cd}^*}{\sum_d \bar{x}_{cd}^*} \tag{3.5}$$

ここでは対象域の内内 OD 交通 X_{cd} に関する発生ゾーン c の目的地選択確率 m_{cd} を求める方法を説明したが，内外 OD 交通 Y_{cl}，外内 OD 交通 U_{kd}，外外 OD 交通（通過交通）W_{kl}，それぞれの発生ゾーン別目的地選択確率 n_{cl}，q_{kd}，r_{kl} についても同様に行える．

内外 OD 交通
$$n_{cl} = \frac{\bar{y}_{cl}^*}{\sum_l \bar{y}_{cl}^*} \tag{3.6(a)}$$

外内 OD 交通
$$q_{kd} = \frac{\bar{u}_{kd}^*}{\sum_d \bar{u}_{kd}^*} \tag{3.6(b)}$$

外外 OD 交通
$$r_{kl} = \frac{\bar{w}_{kl}^*}{\sum_l \bar{w}_{kl}^*} \tag{3.6(c)}$$

ここに

$$\bar{y}_{cl} = \frac{1}{N_s}\sum_s \frac{\dot{y}_{cl}^s}{P_{cl}^s} \tag{3.7(a)}$$

$$\bar{u}_{kd} = \frac{1}{N_s}\sum_s \frac{\dot{u}_{kd}^s}{P_{kd}^s} \tag{3.7(b)}$$

$$\bar{w}_{kl} = \frac{1}{N_s} \sum_s \frac{\dot{w}_{kl}^s}{P_{kl}^s} \qquad (3.7(\text{c}))$$

上式において，$\bar{y}_{cl}^*$，$\bar{u}_{kd}^*$，$\bar{w}_{kl}^*$，および $\bar{y}_{cl}$，$\bar{u}_{kd}$，$\bar{w}_{kl}$ はそれぞれ内外 OD 交通，外内 OD 交通，外外 OD 交通の**補正サンプル OD 交通量**と**暫定サンプル OD 交通量**であり，$\dot{y}_{cl}^s$，$\dot{u}_{kd}^s$，$\dot{w}_{kl}^s$ はスポット s で観測されるそれぞれの OD 別スポット収集交通（OD 別経路交通量）を表している．

〔2〕 ゾーン発生交通量比率

ゾーン発生交通量比率 o_c' は，上述の補正サンプル OD 交通量を用いて，次式で求められる．

$$o_c' = \frac{\sum_d \bar{x}_{cd}^* + \sum_l \bar{y}_{cl}^*}{\sum_c \sum_d \bar{x}_{cd}^* + \sum_c \sum_l \bar{y}_{cl}^*} \qquad (3.8)$$

〔3〕 **OD 別リンク利用確率**

OD 別リンク利用確率 P_{cd}^a の推定はつぎのような方法で行える．ここに，a はリンクを表している．ITS スポットのプローブカーデータにより各リンクの走行時間が得られるので，リンクごとに通過車両の走行時間の平均値を算定することで，そのリンク走行時間とすることができる．そして，これらのリンク走行時間に基づいたダイアル確率配分法の適用によって，OD 別リンク利用確率（OD 別スポット通過確率も含む）が推定される．

既述のように，式 (3.3) で得られる ETC サンプル OD 交通量は，どの ITS スポットに対しても同一とならねばならない．そのために，スポットごとに推定されるサンプル OD 交通量の分散が最小となるように，OD ペアごとにダイアル法の配分パラメータを調整する．この調整により，OD 別リンク利用確率と補正サンプル OD 交通量が同時に求められる．この方法については，後で詳しく説明する．

3.3.2 時間帯別 OD 交通量逆推定

〔1〕 **時間帯別発生ゾーン別目的地選択確率**

プローブカーデータの利点は，OD トリップの発生時刻データが得られるこ

とである。このデータから，日単位 OD 交通量と同じ方法で時間帯別 OD 交通量を推定できる。ここで，**時間帯別 OD 交通量**とは，当該時間帯にトリップ発生する OD 交通量のことである。ITS スポット s において，対象とする時間帯 δ の OD 交通 cd に対する**時間帯別 OD 別スポット収集交通量** $\dot{x}_{cd}^s(\delta)$ が観測されているとする。この時間帯 δ における OD 交通 cd がスポット s を通過する確率，すなわち**時間帯別 OD 別スポット通過確率** $P_{cd}^s(\delta)$ を確定できれば，スポット s による時間帯 δ の OD 交通 cd に対する**時間帯別サンプル OD 交通量** $\widehat{x}_{cd}^s(\delta)$ は式 (3.3) と同じようにして次式で推定できる。

$$\widehat{x}_{cd}^s(\delta) = \frac{\dot{x}_{cd}^s(\delta)}{P_{cd}^s(\delta)} \tag{3.9}$$

この時間帯別サンプル OD 交通量がどのスポットに対しても極力同一となるように，ダイアル法の配分パラメータを調整することにより，時間帯別サンプル OD 交通量の補正値 $\bar{x}_{cd}^*(\delta)$ が求められる。

このようにして，時間帯 δ における内内 OD 交通，内外 OD 交通，外内 OD 交通，外外 OD 交通の**時間帯別発生ゾーン別目的地選択確率**は，式 (3.5) と式 (3.6) と同様に，以下のように求められる。

内内 OD 交通 $\quad m_{cd}(\delta) = \dfrac{\bar{x}_{cd}^*(\delta)}{\sum_d \bar{x}_{cd}^*(\delta)} \tag{3.10 (a))}$

内外 OD 交通 $\quad n_{cl}(\delta) = \dfrac{\bar{y}_{cl}^*(\delta)}{\sum_l \bar{y}_{cl}^*(\delta)} \tag{3.10 (b))}$

外内 OD 交通 $\quad q_{kd}(\delta) = \dfrac{\bar{u}_{kd}^*(\delta)}{\sum_d \bar{u}_{kd}^*(\delta)} \tag{3.10 (c))}$

外外 OD 交通 $\quad r_{kl}(\delta) = \dfrac{\bar{w}_{kl}^*(\delta)}{\sum_l \bar{w}_{kl}^*(\delta)} \tag{3.10 (d))}$

〔2〕 **時間帯別ゾーン発生交通量比率**

時間帯 δ における**時間帯別ゾーン発生交通量比率** $o_c'(\delta)$ も式 (3.8) に対応して，次式で与えられる。

$$o'_c(\delta) = \frac{\sum_d \bar{x}^*_{cd}(\delta) + \sum_l \bar{y}^*_{cl}(\delta)}{\sum_c \sum_d \bar{x}^*_{cd}(\delta) + \sum_c \sum_l \bar{y}^*_{cl}(\delta)} \tag{3.11}$$

〔3〕 **時間帯別 OD 別リンク利用確率**

時間帯別 OD 別リンク利用確率 $P^a_{cd}(\delta)$ は日単位の場合と同様に，プローブカーデータから各リンクの時間帯別平均走行時間を算定し，ダイアル法の配分パラメータ調整をすることで，時間帯別サンプル OD 交通量の補正値と同時に推定される．

〔4〕 **時間帯別観測リンク交通量**

時間帯別 OD 交通量をリンク交通量型モデルで逆推定するとき，そのインプットデータとなる**時間帯別観測リンク交通量**としては，ITS スポットにおいて観測される時間帯別 OD トリップの経路交通量，すなわち時間帯別 OD 別スポット収集交通量を用いて推定する．ここで注意すべきことは，時間帯におけるスポット収集交通量の総数ではなく，当該時間帯の OD トリップのみの収集交通量を用いることである．このことは，推定される時間帯別 OD 交通量と，インプットデータである観測リンク交通量は同期していなければならないことを意味している．しかし，時間帯別 OD 交通と同期している時間帯別トリップのスポット通過交通量 $v^*_s(\delta)$ は直接には実測できないので，つぎのような推定値を用いることにする．

$$v^*_s(\delta) = \frac{\dot{v}^s_{CD}(\delta) + \dot{v}^s_{CL}(\delta) + \dot{v}^s_{KD}(\delta) + \dot{v}^s_{KL}(\delta)}{\sum_\delta (\dot{v}^s_{CD}(\delta) + \dot{v}^s_{CL}(\delta) + \dot{v}^s_{KD}(\delta) + \dot{v}^s_{KL}(\delta))} v^*_s \tag{3.12}$$

ここに

$$\dot{v}^s_{CD}(\delta) = \sum_c \sum_d \dot{x}^s_{cd}(\delta) \tag{3.13(a)}$$

$$\dot{v}^s_{CL}(\delta) = \sum_c \sum_l \dot{y}^s_{cl}(\delta) \tag{3.13(b)}$$

$$\dot{v}^s_{KD}(\delta) = \sum_k \sum_d \dot{u}^s_{kd}(\delta) \tag{3.13(c)}$$

$$\dot{v}^s_{KL}(\delta) = \sum_k \sum_l \dot{w}^s_{kl}(\delta) \tag{3.13(d)}$$

上式で，v^*_s はスポット s を通過する日単位で観測されるトータル交通量であ

る。要するに，逆推定で用いる時間帯別 OD 交通に対応するスポット収集交通量 $v_s^*(\delta)$ は，スポットで観測される日単位トータル収集交通量 v_s^* を，当該時間帯スポット収集交通量の日単位に対する比率で，按分した推定値を用いることにする。なお，式 (3.13) は 2 章の式 (2.45) と同じことを意味しているが，実測値であることから，推定計算にはこの式を用いるのが適している。

3.4 ダイアル確率配分法を用いたサンプル OD 交通量の補正法

OD 別スポット収集交通量と OD 別スポット通過確率から式 (3.3) のようにして，スポット s によるサンプル OD 交通量が得られる。OD 別スポット通過確率が真値であれば，どのスポットに対してもサンプル OD 交通量は同一とならねばならない。そこで，スポット s ごとのサンプル OD 交通量ができるだけ均一となるような OD 別スポット通過確率の推定法を考える。

この推定法として，**ダイアル確率配分法**を適用することができる。確率配分は時間比配分と同類であり，走行時間の短い経路ほど経路選択確率が高くなる配分法である。この方法は一般的に利用経路を任意指定できる特長を有しているが，逆にこのことが配分結果に客観性が欠ける弱点となっている。この弱点を改良したのが，ダイアルが提案した確率配分法[20]であり，OD 交通ごとの利用リンクが一意に確定できる利点がある。

ダイアル配分法では，OD 交通 cd の k 番目経路の選択確率 R_{cd}^k は，次式のロジットモデルで推定される。

$$R_{cd}^k = \frac{\exp(-\theta_{cd} t_{cd}^k)}{\sum_k \exp(-\theta_{cd} t_{cd}^k)} \tag{3.14}$$

ここに，t_{cd}^k は発ノード c から着ノード d への k 番目経路の走行時間，θ_{cd} は OD 交通 cd についての確率配分パラメータである。

簡単な例題を用いて，以下にダイアル配分法を説明する[9]。

① プローブカーデータから各リンクの平均走行時間を算定し，これらをリンク走行時間とする。例えば，**図 3.4** のようにリンク走行時間が与えら

3.4 ダイアル確率配分法を用いたサンプル OD 交通量の補正法　　57

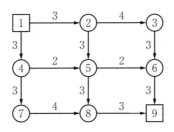

図 3.4　リンク走行時間

れる。

② リンク走行時間に基づき，OD 交通 cd の発ノード c から他のすべての途中ノード i に至る最短走行時間を算出し，これを c(i) とする。また，すべての途中ノード i から OD 交通 cd の着ノード d に至る最短走行時間を算出し，これを d(i) とする。これらの c(i) および d(i) は**リンクポテンシャル**と呼ばれる。なお，ここでの記号 c, d, i, j はノードを表示している。

OD 交通 cd のトリップ走行方向に沿って，各リンクにおける上流ノード i と下流ノード j を決定する。つまり，リンクは有向リンク i→j として取り扱われる。また，リンク i→j の走行時間を t(i→j) と表す。上のリンク走行時間を用いて，c(i) と d(i) を算出したのが**図 3.5** である。ただし，OD 交通の発生地はノード 1，終着地はノード 9 である。

③ 経路上のすべてのリンク i→j で，c(i)＜c(j) および d(i)＞d(j) が成立していれば，その経路を**合理的経路**（reasonable path）とする。例えば，図

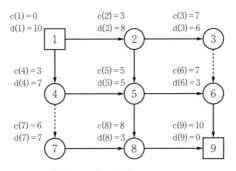

図 3.5　リンクポテンシャル

3.5において経路 $1 \to 2 \to 5 \to 6 \to 9$ は合理的経路であるが,経路 $1 \to 2 \to 3 \to 6 \to 9$ は合理的経路ではない。なぜなら,リンク $3 \to 6$ においても c(3)=c(6) となっているので,経路 $2 \to 3 \to 6$ を利用するより,経路 $2 \to 5 \to 6$ を利用するほうが合理的であるからである。また,リンク $4 \to 7$ において d(4)=d(7) となっており,経路 $1 \to 4 \to 7 \to 8 \to 9$ も合理的経路とはならない。経路 $4 \to 7 \to 8$ を利用するより,経路 $4 \to 5 \to 8$ を利用するのが合理的であるからである。要するに,合理的経路とは,経路上のノードにおける起点および終点からの最短時間が進行方向に沿って,それぞれ順向きおよび逆向きに増大する経路となっている。

④ 各リンクに対して**リンク尤度** $L(i \to j)$ を算出する。

$$L(i \to j) = \begin{cases} \exp\bigl(\theta_{cd}[c(j) - c(i) - t(i \to j)]\bigr) & \text{合理的経路のとき} \\ 0 & \text{それ以外のとき} \end{cases}$$

(3.15)

例えば,図 3.5 においてリンク $2 \to 5$ の尤度はつぎのように算出される。このとき,$\theta_{cd}=1$ としている。

$L(2 \to 5) = \exp[c(5) - c(2) - t(2 \to 5)]$
$\qquad\qquad = \exp[5-3-3] = 0.3679$

各リンク尤度の結果は**図 3.6** に示されている。リンク尤度の値は,θ の値が大きくなれば小さくなり,無限大になればゼロとなる。例えば,$\theta = \infty$ のとき,リンク $2 \to 5$,リンク $8 \to 9$ の尤度はゼロとなるので,後述の

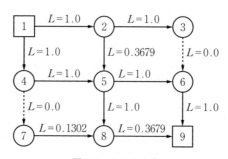

図 3.6 リンク尤度

3.4 ダイアル確率配分法を用いたサンプル OD 交通量の補正法

リンクウェイトもゼロとなる。したがって，OD 交通 19 はその最短経路 $1 \rightarrow 4 \rightarrow 5 \rightarrow 6 \rightarrow 9$ のみを選択することになる。逆に，$\theta=0$ のとき，リンク $2 \rightarrow 5$，リンク $8 \rightarrow 9$ の尤度は $L=1.0$ となり，経路 $1 \rightarrow 2 \rightarrow 5 \rightarrow 8 \rightarrow 9$，経路 $1 \rightarrow 2 \rightarrow 5 \rightarrow 6 \rightarrow 9$，経路 $1 \rightarrow 4 \rightarrow 5 \rightarrow 6 \rightarrow 9$，経路 $1 \rightarrow 4 \rightarrow 5 \rightarrow 8 \rightarrow 9$ が等確率で選択される。要するに，$\theta=\infty$ のときは最短経路配分となり，$\theta=0$ のときは均等配分となる。

ついでではあるが，ロジットモデルの確率配分式 (3.14) はこのリンク尤度を用いて導かれる。

⑤ 各リンクの**リンクウェイト** $w(\mathrm{i} \rightarrow \mathrm{j})$ を算出する。

$$w(\mathrm{i} \rightarrow \mathrm{j}) = \begin{cases} L(\mathrm{i} \rightarrow \mathrm{j}) & \text{ノード i が出発点のとき} \\ L(\mathrm{i} \rightarrow \mathrm{j}) \sum_z w(\mathrm{z} \rightarrow \mathrm{i}) & \text{それ以外のとき} \end{cases} \quad (3.16)$$

例えば，図 3.6 に対して，リンク $5 \rightarrow 8$ のリンクウェイトはつぎのように算出される。

$$w(5 \rightarrow 8) = L(5 \rightarrow 8)[w(2 \rightarrow 5) + w(4 \rightarrow 5)]$$
$$= 1.0000(0.3679 + 1.0000) = 1.3679$$

各リンクウェイトの結果は**図 3.7** のようになる。リンクウェイトの意味は，リンク尤度を経路に沿って順次乗じることでリンクの利用強度を表示しており，ウェイトが大きいほど利用される確率が大きくなる。

⑥ リンクウェイトを用いて，OD 別リンク利用確率 $P(\mathrm{i} \rightarrow \mathrm{j})$ を算出する。

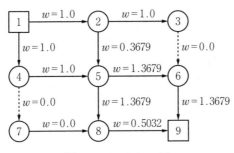

図 3.7　リンクウェイト

$$P(i \to j) = \begin{cases} \dfrac{w(i \to j)}{\sum_z w(z \to j)} & \text{ノード j が到着点のとき} \\ [\sum_z P(j \to z)] \dfrac{w(i \to j)}{\sum_z w(z \to j)} & \text{それ以外のリンク i} \to \text{j} \end{cases}$$

(3.17)

例えば，図3.7におけるリンク$2 \to 5$の利用確率は以下のようになる．

$$P(2 \to 5) = [P(5 \to 6) + P(5 \to 8)] \dfrac{w(2 \to 5)}{w(2 \to 5) + w(4 \to 5)}$$

$$= (0.731 + 0.269) \dfrac{0.3679}{0.3679 + 1.0} = 0.269$$

各リンクの利用確率の結果は**図 3.8**に示されている．このようにしてOD交通ごとのリンク利用確率が，トリップ終点側から逆方向で順次求められる．ダイアル法の確率配分パラメータθ_{cd}にある値が与えられると，OD別リンク利用確率が定まるので，サンプルOD交通量の補正はつぎのように行える．配分パラメータ値に対応するOD別リンク利用確率を用いて，スポットごとのサンプルOD交通量を式(3.3)で求める．このとき，サンプルOD交通量がスポットによって異なっていれば，式(3.4)でその平均値をサンプルOD交通量とする．そして，式(3.18)を用いて，スポットごとに推定されるサンプルOD交通量の平均値に対する残差が最小になるように，配分パラメータθ_{cd}を調整する．

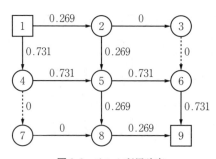

図 3.8　リンク利用確率

$$\Psi_{cd} = \sum_s \left(\bar{x}_{cd} - \hat{x}^s_{cd}\right)^2 = \sum_s \left(\frac{1}{N_s}\sum_s \frac{\dot{x}^s_{cd}}{P^s_{cd}} - \frac{\dot{x}^s_{cd}}{P^s_{cd}}\right)^2 \to \text{Min} \qquad (3.18)$$

この収束演算を各 OD 交通に対して行い，そのサンプル OD 交通量の収束値を事前データ作成の**補正サンプル OD 交通量** $\bar{x}^*_{cd}$ として用いる．内外 OD 交通の $\bar{y}_{cl}$，外内 OD 交通の $\bar{u}_{kd}$，外外 OD 交通の $\bar{w}_{kl}$，のそれぞれに対しても同様な補正を行う．

なお，ダイアル確率配分による方法は，ETC2.0 のスポットデータに限らず，一般のプローブカーデータに対しても同様に適用可能である．民間プローブカーデータをスポットごとに収集することにより，同じ考え方で OD 別リンク利用確率とサンプル OD 交通量が同時推定できる．

3.5 サンプル OD 交通量の欠落値の補完法

ETC2.0 プローブカーデータによるサンプル OD 交通量推定の大きな問題点は，ITS スポットの整備箇所数が不十分な場合，**欠落サンプル OD 交通量**が存在することである．ITS スポットがすべてのゾーン境界に設置されている完全整備の状態であれば，サンプル OD 交通量の推定値が欠落する OD ペアが出現することはない．しかし，完全整備の状態でなくても，一部 OD ペアに対しては欠落するものの，多数 OD ペアのサンプル OD 交通量を推定できる．なぜなら，OD 交通の利用経路が ITS スポットを通過すれば，その経路選択確率を用いることができるからである．簡単な例を**図 3.9** で説明する．

OD 交通 2→3 が直結リンク 2→3 のみを利用する場合，このリンク上に

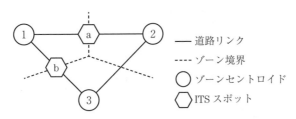

図 3.9　ETC サンプル OD 交通量の欠落例

ITSスポットが設置されていなければ，OD交通$2 \to 3$のサンプルOD交通量はゼロとなり，欠落値となる．しかし，このOD交通の一部が迂回経路$2 \to 1 \to 3$を利用していれば，そのリンク利用確率を用いて，サンプルOD交通量を求めることができる．すなわち，式(3.3)より

$$\widehat{x}^a_{23} = \frac{\dot{x}^a_{23}}{P^a_{23}} \quad \text{あるいは，} \quad \widehat{x}^b_{23} = \frac{\dot{x}^b_{23}}{P^b_{23}}$$

となる．この例では，観測誤差がなければ，$\dot{x}^a_{23} = \dot{x}^b_{23}$ および $P^a_{23} = P^b_{23}$ であるから，$\widehat{x}^a_{23}$ と $\widehat{x}^b_{23}$ は同じ値となるが，観測誤差がある場合は，式(3.4)による平均値でサンプルOD交通量が与えられる．

このように，ITSスポットの完全整備状態でなくても，OD別スポット収集交通量とそのOD別スポット通過確率を用いることで，多数ODペアに対するサンプルOD交通量を推定することができる．しかし，推定不能の欠落ODペアが出現することは避けられないので，その場合は補完が必要となる．

その補完には，既存のOD交通量調査データ，あるいは他のプローブカーデータによる発生ゾーン別目的地選択確率を利用する方法が考えられる．ここで，確定したODペアのサンプルOD交通量（補正値）$\bar{x}^*_{cd}$ に対して，欠落したODペアのサンプルOD交通量を $\tilde{x}_{ch}$ と表すことにする．欠落サンプルOD交通量は，既存他データによる発生ゾーン別目的地選択確率を用いて，次式で求めることができる．

$$\tilde{x}_{ch} = \frac{m'_{ch}}{m'_{cd}} \bar{x}^*_{cd} \tag{3.19}$$

ここに，m'_{ch} は欠落サンプルODペアに対応する既存他データによる目的地選択確率である．この式の意味は，確定サンプルOD交通量と欠落サンプルOD交通量の比率が，対応する既存他データのOD交通量比率と同一であるという考え方である．当然のことながら，データには誤差が存在するので，確定サンプルODペアによる平均値を用いることにする．

$$\tilde{x}_{ch} = \frac{1}{N_{D(c)}} \sum_d \frac{m'_{ch}}{m'_{cd}} \bar{x}^*_{cd} \tag{3.20}$$

3.5 サンプル OD 交通量の欠落値の補完法

ここに，$N_{D(c)}$ は発生ゾーン c における確定サンプル OD ペアの目的地ゾーン d の総数である．

上の説明は，内内 OD 交通を対象にした方法であるが，内外 OD 交通，外内 OD 交通，外外 OD 交通に対しても同様に行える．

サンプル OD 交通量の欠落割合を**図 3.10** に示す仮想ネッワークで検証してみたところ，ゾーン境界上の半数に ITS スポットを設置したとき，13 % が欠落データとなることが判明した．

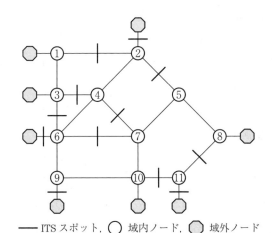

―― ITS スポット，○ 域内ノード，⬡ 域外ノード

図 3.10 サンプル OD 交通量の欠落割合の仮想ネットワーク

また，福岡市道路網を対象にした計算例では，区境界リンクが全数で 104 か所のうち 83 か所（交通量が 1 万台／日以上）と 43 か所（同 2 万台／日以上）のスポットに対して，細分 B ゾーンレベルでそれぞれ 38 % と 50 % のサンプル OD 交通量が欠落する結果となった[21]．今後は，現実交通ネットワークで事前データ作成の適用例を増やして，ITS スポットの適正な配置とその個数について考究することが必要である．設置されたスポット数に対して，サンプル OD 交通量の欠落比率が大きい場合は，ゾーン集中交通量型の逆推定モデルとの組合せで適用する方法も考えられる．

3.6 本章のまとめ

リンク交通量型逆推定モデルの適用においては，その事前データ作成が鍵となる．そして，時間帯別の事前データ作成で大事なことは，リンク交通量の観測値とOD交通量パターンが同期していなければならないことである．交通ネットワーク上のスポットでプローブカーデータを収集することで，サンプルOD交通量とOD別経路選択確率が同時に推定される．このサンプルOD交通量から，事前データとしてのゾーン発生交通量比率と発生ゾーン別目的地選択確率が作成される．ETC2.0のプローブカーデータでODデータが収集できれば，この作成方法に適しているが，現状のデータシステムでは利用困難である．しかし，一般のプローブカーデータでもスポットでデータ収集することにより同じ方法で事前データ作成が行える．

ICTデータを利用することの利点は，時間帯別のOD交通量とOD別経路交通量が推定できることである．このとき，時間帯別トリップのリンク交通量（スポット交通量）は実測できないので，スポットで収集される時間帯別トリップ交通量を利用する．そのスポット収集交通量の時間帯別比率を，スポット通過の日単位交通量（観測可能）に乗ずることで，逆推定に必要な時間帯別の観測リンク交通量（観測スポット交通量）が得られる．

以下に，リンク交通量型逆推定モデルに関する事前データ作成法の要点と特色を整理しておく．

- ITSスポットがすべてのゾーン境界に整備されている場合，車両IDマッチングによりサンプルOD交通量が得られる．
- ITSスポットの設置箇所が特定地点に限られている場合，ITSスポットデータを民間プローブカーデータとランダムマッチングすることで，OD別スポット収集交通量（OD別サンプル経路交通量）を求めることができる．

3.6 本章のまとめ

- OD 別スポット収集交通量を OD 別スポット通過確率で除することによりサンプル OD 交通量が得られるが，OD 別スポット通過確率が未知なので，推定しなければならない．
- プローブカーデータからリンク走行時間が得られるので，ダイアル確率配分法を用いて，ITS スポットごとのサンプル OD 交通量が同一となるように配分パラメータ調整を行い，OD 別リンク利用確率（OD 別スポット通過確率）を推定する．
- この調整操作により，補正サンプル OD 交通量も同時に求まる．
- 補正サンプル OD 交通量から，事前データとしての発生ゾーン別目的地選択確率，ゾーン発生交通量比率，ゾーン発生交通量比率が作成できる．
- 時間帯別 OD 交通量の逆推定においても，プローブカーデータによりトリップ発生時刻を識別できるので，その事前データは日単位 OD 交通量の場合と同じ方法で作成できる．
- 留意しなければならないのは，時間帯別リンク交通量観測値と時間帯別 OD 交通量を同期させることである．このため，逆推定に用いる時間帯別リンク交通量の観測値は，時間帯別スポット収集交通量と日単位リンク交通量観測値を用いて作成する．
- 時間帯別 OD 交通量は日単位 OD 交通量と同様の方法で逆推定することができる．
- スポット収集データによる事前データ作成で欠落 OD 交通量が出現するが，既存 OD 交通量データを利用して補完することができる．

4 ゾーン集中交通量型の OD 交通量逆推定モデル

4.1 要　　　旨

携帯電話移動データ（あるいは単に，**スマホデータ**）は効率的にトリップ移動の高精度データが収集できるし，また必要に応じて随時データ入手が可能で，その費用も大掛かりなアンケート調査に比べて節約できると思われる。ゾーン集中交通量による OD 交通量逆推定方法は，スマホデータを利用する新しい手法であり，アンケート調査に基づく既存の交通量調査方法を抜本的に変革するものである。

スマホデータでゾーン間の OD トリップデータが得られるが，サンプルデータであるため，交通計画に使用するには実数化しなければならない。OD 交通量の実数推定は，スマホデータから発生ゾーン別目的地選択確率が得られると，各ゾーンの発生交通量および集中交通量を実数観測するか，あるいはそれらを別途推定することで行える。すべてのゾーン発生交通量および集中交通量を実数観測で求めることは現実的に困難であるが，一部ゾーンのみの集中交通量であれば，その実数観測はそれほど困難なことではない。新提案のモデルは，一部主要ゾーンのみの集中交通量を実数観測することにより，各ゾーンの発生交通量とともに未観測ゾーンの集中交通量が推定できるもので，きわめて効率的で実用性の高い OD 交通量推定法といえる。理論的には実数観測の集中ゾーンは 1 個だけでも推定可能であるが，OD 交通量推定値の偏りを避けるために，複数ゾーンの集中交通量を実数観測することが望ましい。この方法を，

既述したリンク交通量型の逆推定モデルに対して，ゾーン集中交通量型の逆推定モデルと呼ぶことにする。

リンク交通量型の OD 交通量逆推定モデルは，交通ネットワークにおけるトリップの OD 交通量および経路交通量を推定するモデルである。これに対して，ゾーン集中交通量型の逆推定モデルは，トリップの経路を考慮せず OD 交通量のみを推定することを目的としている。そのため，モデル構造がきわめて単純になっており，計算も容易に実行できる。リンク交通量型の逆推定モデルでは OD データと走行経路データを使用するため，高精度の推定値を得るにはかなり大量のデータ数が必要であるが，ゾーン集中交通量型モデルで用いるデータは OD 交通量のサンプル値だけなので，比較的少量で済むと思われる。このようにゾーン集中交通量型のモデルは，OD 交通量だけの推定を目的とするならきわめて簡便な手法である。

4.2 ゾーン集中交通量型逆推定モデルの考え方

4.2.1 定　式　化

調査対象域における OD 交通量推定のイメージを図 4.1 に示している。実際には，域内および域外とも多数ゾーンが面的に分布しているが，単純化のために，直線状にゾーンが並んでいるとする。対象域は中央部に位置しており，そ

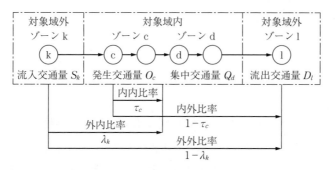

図 4.1　対象域とゾーン位置およびトリップ移動のイメージ

の域内に多数のゾーンが分布している．対象域の両端外部は対象域外となっている．トリップ移動は，域内から域内への内内 OD 交通，域内から域外への内外 OD 交通，域外から域内への外内 OD 交通，域外から域外への外外 OD 交通（通過交通）の4種類である．ここで，域内のゾーン c からの発生交通量を O_c，域内ゾーン d への集中交通量を Q_d，域外ゾーン k からの流入交通量を S_k，域外ゾーン l（エル）への流出交通量を D_l としている．ただし，D_l は本方法の実数推定に用いることはない．

域内ゾーン c の発生交通量が域内ゾーンに目的地を持つ確率，すなわち**内内 OD 交通量比率**（あるいは，**内内比率**）を τ_c．域外ゾーン k からの流入交通量が域内ゾーンに目的地を持つ確率，すなわち**外内 OD 交通量比率**（あるいは，**外内比率**）を λ_k とする．したがって，内外比率は $(1-\tau_c)$，外外比率は $(1-\lambda_k)$ である．

域内の発生ゾーン c から域内の目的ゾーン d への目的地選択確率，および域外への流出ゾーン l への目的地選択確率をそれぞれ m_{cd}, n_{cl} とする．ここに

$$\sum_d m_{cd} = 1 \tag{4.1}$$

$$\sum_l n_{cl} = 1 \tag{4.2}$$

である．

域外の発生ゾーン（域外からの流入交通のゾーン）k から域内の目的地ゾーン d への目的地選択確率，および域外への流出ゾーン l への目的地選択確率をそれぞれ q_{kd}, r_{kl} とする．ここに

$$\sum_d q_{kd} = 1 \tag{4.3}$$

$$\sum_l r_{kl} = 1 \tag{4.4}$$

である．

目的地選択確率と内内比率，外内比率の値は携帯電話移動データ（スマホデータ）で得ることができる．これらの値が先決値として与えられると，未知変数である域内ゾーン c の発生交通量の推定値 $\widehat{O}_c$ と域外ゾーン k からの流入交通量の推定値 $\widehat{S}_k$ は，次式で示す域内ゾーン d への集中交通量の推定値と観

測値の残差平方和を最小化することで推定できる.

〔目的関数〕

$$\Psi = \sum_d \left[\left(\sum_c \widehat{O}_c \tau_c m_{cd} + \sum_k \widehat{S}_k \lambda_k q_{kd} \right) - Q_d^* \right]^2 \to \text{Min} \qquad (4.5)$$

〔制約条件〕

$$\sum_c \widehat{O}_c = \widehat{O} \qquad (4.6)$$

$$\sum_k \widehat{S}_k = \widehat{S} \qquad (4.7)$$

$$\widehat{O}_c \geq 0 \qquad (4.8)$$

$$\widehat{S}_k \geq 0 \qquad (4.9)$$

ここに,Q_d^*は域内ゾーン d への集中交通量の観測値(実数値),$\widehat{O}$ は域内ゾーンの推定発生交通量の総計,$\widehat{S}$ は域外ゾーンからの推定流入交通量の総計である.

推定値である $\widehat{O}_c$ と $\widehat{S}_k$ の非負が明らかであれば,つぎの最適化条件である連立一次方程式により容易に解が得られる.

$$\frac{\partial \Psi}{\partial \widehat{O}_c} = 0 \qquad (4.10)$$

$$\frac{\partial \Psi}{\partial \widehat{S}_k} = 0 \qquad (4.11)$$

域内ゾーンの発生交通量 O_c と域外ゾーンからの流入交通量 S_k の推定値が定まると,内内交通,外内交通,内外交通,外外交通の OD 交通量はつぎのように求められる.

内内 OD 交通　　$X_{cd} = \widehat{O}_c \tau_c m_{cd}$ 　　　　　　　　　(4.12(a))

外内 OD 交通　　$U_{kd} = \widehat{S}_k \lambda_k q_{kd}$ 　　　　　　　　　(4.12(b))

内外 OD 交通　　$Y_{cl} = \widehat{O}_c (1 - \tau_c) n_{cl}$ 　　　　　　　(4.12(c))

外外 OD 交通　　$W_{kl} = \widehat{S}_k (1 - \lambda_k) r_{kl}$ 　　　　　　(4.12(d))

パーソントリップを例にとると,その OD 交通量の実数推定には,域内ゾーンにおける集中トリップ数の観測値(現実値)が必要である.このため,ゾーンの集中交通量を実測しなければならないが,本モデルの特長は,すべてのゾーンでなく,一部主要ゾーンのみの集中交通量の観測で推定できることである.

バス交通や鉄道交通のネットワークにおける旅客 OD 交通量推定に適用する場合は，本モデルにおけるゾーンはバス停あるいは鉄道駅に置き換えられ，また，OD データとしては IC カードデータを利用することができる．

4.2.2 小ゾーンベースの OD 交通量への変換

大ゾーンベースでの OD 交通量が上の方法で推定できるので，この結果を小ゾーンベースの OD 交通量（ノード間 OD 交通量）に変換するには，つぎのように行う．

大ゾーン c における発生交通量の小ゾーン（あるいはノード）i の分担率，すなわち**ノード発生分担率**を α_{c_i}，大ゾーン d における集中交通量の小ゾーン（あるいはノード）j の分担率，すなわち**ノード集中分担率**を β_{d_j} とする．ここに

$$\sum_i \alpha_{c_i} = 1.0 \tag{4.13}$$

$$\sum_j \beta_{d_j} = 1.0 \tag{4.14}$$

ノード発生分担率 α_{c_i} とノード集中分担率 β_{d_j} は事前値として与えられる．大ゾーンベースでのパーソントリップ OD 交通量は式 (4.12) で得られるので，小ゾーンベースのパーソン OD 交通量への変換は次式で行える．この場合，外外 OD 交通量（通過交通量）についての式 (4.12) は不変である．

内内 OD 交通量　　$X_{c_i d_j} = \widehat{O}_c \tau_c \alpha_{c_i} m_{cd} \beta_{d_j}$ 　　　　(4.15（a）)

外内 OD 交通量　　$U_{k d_j} = \widehat{S}_k \lambda_k q_{kd} \beta_{d_j}$ 　　　　(4.15（b）)

内外 OD 交通量　　$Y_{c_l} = \widehat{O}_c (1 - \tau_c) \alpha_{c_i} n_{cl}$ 　　　　(4.15（c）)

小ゾーンベースでの目的地選択確率 $m_{c_i d_j}$，$q_{k d_j}$，$n_{c_i l}$ がスマホデータで既知であれば，式 (4.15) はそれぞれ次式のようになり，ノード集中分担率 β_{d_j} が不要となる．

内内 OD 交通量　　$X_{c_i d_j} = \widehat{O}_c \tau_c \alpha_{c_i} m_{c_i d_j}$ 　　　　(4.16（a）)

外内 OD 交通量　　$U_{k d_j} = \widehat{S}_k \lambda_k q_{k d_j}$ 　　　　(4.16（b）)

内外 OD 交通量　　$Y_{c_l} = \widehat{O}_c (1 - \tau_c) \alpha_{c_i} n_{c_i l}$ 　　　　(4.16（c）)

4.2.3 例題による考察

単純化のために,ゾーンが直線状に並んでいる対象域の OD 交通量に対して,逆推定モデルの簡単な数値計算例を示す.図 4.2 に示すように,域外からの流入ゾーンが 1 個と域内ゾーンが 3 個ある.そして,域外ゾーン 1 と域内ゾーン 1 のみに発生交通量があるとして,それぞれを S_1 および O_1 とする.これらの発生交通量は,それぞれゾーン 2 と 3 に吸引され,その集中交通量を Q_2 および Q_3 とする.したがって,この例では,内内 OD 交通に関しては X_{12} と X_{13},外内 OD 交通に関しては U_{12} と U_{13},の 2 個ずつとなる.

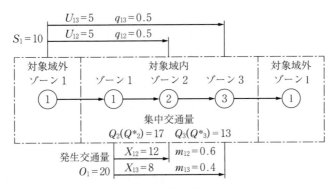

図 4.2 例題計算の数値データ

ここで,内内 OD 交通量 X_{cd} と外内 OD 交通量 U_{kd} を以下のように与える.

  内内 OD 交通 $X_{12}=12$, $X_{13}=8$

  外内 OD 交通 $U_{12}=5$, $U_{13}=5$

したがって

  域内ゾーン 1 からの発生交通量 $O_1=20$

  域外ゾーン 1 からの流入交通量 $S_1=10$

  域内ゾーン 2 と集中交通量 $Q_2=17$

  域内ゾーン 3 の集中交通量 $Q_3=13$

となる.

上で与えた OD 交通量から内内 OD 交通と外内 OD 交通に関する発生ゾーン

別目的地選択確率は以下の値となる。OD 交通量逆推定モデルの実際適用においては，既存 OD 交通量データ，あるいはスマホデータから得られる。

域内ノード1の目的地選択確率　　$m_{12}=0.6$,　　$m_{13}=0.4$

域外ノード1の目的地選択確率　　$q_{12}=0.5$,　　$q_{13}=0.5$

また，逆推定モデルにおけるゾーン集中交通量の観測値はつぎの値となる。

域内ノード2と3の集中交通量観測値　　$Q_2^*=17$,　　$Q_3^*=13$

なお，この例では内内比率 τ_c および外内比率 λ_k を両者とも 1.0 と仮定しているが，一般性が失われることはない。

逆推定モデルでは，目的地選択確率 m_{cd} と q_{kd}，および域内ゾーンの集中交通量観測値 Q_d^* を先決値として，域内ゾーンの発生交通量 O_c と域外ゾーン発生交通量 S_k が推定される。この例題で O_1 と S_1 の値を逆推定してみる。

ゾーン集中交通量の残差平方和最小化を満たす式 (4.10) と式 (4.11) に，上の数値を投入することにより，以下の式 (4.17) と式 (4.18) が得られる。

$$\frac{\partial \Psi}{\partial \widehat{O}_1} = 2m_{12}\left(\widehat{O}_1 m_{12} + \widehat{S}_1 q_{12} - Q_2^*\right) + 2m_{13}\left(\widehat{O}_1 m_{13} + \widehat{S}_1 q_{13} - Q_3^*\right)$$

$$= 2\times 0.6\left(0.6\widehat{O}_1 + 0.5\widehat{S}_1 - 17\right) + 2\times 0.4\left(0.4\widehat{O}_1 + 0.5\widehat{S}_1 - 13\right)$$

$$= 1.04\widehat{O}_1 + \widehat{S}_1 - 30.8$$

$$= 0 \tag{4.17}$$

$$\frac{\partial \Psi}{\partial \widehat{S}_1} = 2q_{12}\left(\widehat{O}_1 m_{12} + \widehat{S}_1 q_{12} - Q_2^*\right) + 2q_{13}\left(\widehat{O}_1 m_{13} + \widehat{S}_1 q_{13} - Q_3^*\right)$$

$$= 2\times 0.5\left(0.6\widehat{O}_1 + 0.5\widehat{S}_1 - 17\right) + 2\times 0.5\left(0.4\widehat{O}_1 + 0.5\widehat{S}_1 - 13\right)$$

$$= \widehat{O}_1 + \widehat{S}_1 - 30$$

$$= 0 \tag{4.18}$$

この連立方程式を解くことにより，$\widehat{O}_1=20$, $\widehat{S}_1=10$ が得られる。この解は上の例で与えた域内ゾーン1の発生交通量および域外ゾーン1からの流入交通量に一致している。この例題により，ゾーン集中トリップによる逆推定モデルで OD 交通量が推定できることが確かめられた。

4.2 ゾーン集中交通量型逆推定モデルの考え方

ゾーン集中交通量の観測値が1個のゾーンだけの場合，例えばゾーン2の観測値 Q_2^* だけの場合，式 (4.10) と式 (4.11) は，以下の式 (4.19) と式 (4.20) のように第1項だけとなる。

$$\frac{\partial \Psi}{\partial \widehat{O}_1} = 2m_{12}\left(\widehat{O}_1 m_{12} + \widehat{S}_1 q_{12} - Q_2^*\right) = 0 \tag{4.19}$$

$$\frac{\partial \Psi}{\partial \widehat{S}_1} = 2q_{12}\left(\widehat{O}_1 m_{12} + \widehat{S}_1 q_{12} - Q_2^*\right) = 0 \tag{4.20}$$

目的地選択確率の m_{12} と q_{12} は正値であるから，両式とも次式に示す同一式となり，連立方程式が成立しない。

$$\left(\widehat{O}_1 m_{12} + \widehat{S}_1 q_{12} - Q_2^*\right) = 0 \tag{4.21}$$

このことから，集中トリップによるOD交通量逆推定モデルの適用においては，集中交通量の実数観測は2ゾーン以上が必要といえる。

また，各発生ゾーンからの目的地選択確率が，実数観測の集中ゾーンに対して同じである場合（本例題では，$m_{12}=q_{12}$, $m_{13}=q_{13}$），式 (4.10) と式 (4.11) は同一となり，連立方程式の求解は不能となる。したがって，実数観測の集中ゾーンに対する各発生ゾーンの目的地選択確率がすべて異なっていることが，集中トリップによるOD交通量逆推定モデルの要件となる。

つぎに，例題を域内ゾーンが4個ある場合に拡張してみる。式 (4.10) と式 (4.11) は以下の式 (4.22) 〜 (4.26) のようになる。同一ゾーン相互のトリップはゼロとしているので，m_{22} と m_{33} は式から除去している。また偏微分における定数の2も省略している。

$$\frac{\partial \Psi}{\partial \widehat{O}_1} = m_{12}\left(\widehat{O}_1 m_{12} + \widehat{O}_3 m_{32} + \widehat{O}_4 m_{42} + \widehat{S}_1 q_{12} - Q_2^*\right)$$
$$+ m_{13}\left(\widehat{O}_1 m_{13} + \widehat{O}_2 m_{23} + \widehat{O}_4 m_{43} + \widehat{S}_1 q_{13} - Q_3^*\right) = 0 \tag{4.22}$$

$$\frac{\partial \Psi}{\partial \widehat{O}_2} = m_{23}\left(\widehat{O}_1 m_{13} + \widehat{O}_2 m_{23} + \widehat{O}_4 m_{43} + \widehat{S}_1 q_{13} - Q_3^*\right) = 0 \tag{4.23}$$

$$\frac{\partial \Psi}{\partial \widehat{O}_3} = m_{32}\left(\widehat{O}_1 m_{12} + \widehat{O}_3 m_{32} + \widehat{O}_4 m_{43} + \widehat{S}_1 q_{12} - Q_2^*\right) = 0 \tag{4.24}$$

$$\frac{\partial \Psi}{\partial \widehat{O}_4} = m_{42}\bigl(\widehat{O}_1 m_{12} + \widehat{O}_3 m_{32} + \widehat{O}_4 m_{42} + \widehat{S}_1 q_{12} - Q_2^*\bigr)$$
$$+ m_{43}\bigl(\widehat{O}_1 m_{13} + \widehat{O}_2 m_{23} + \widehat{O}_4 m_{43} + \widehat{S}_1 q_{13} - Q_3^*\bigr) = 0 \quad (4.25)$$

$$\frac{\partial \Psi}{\partial \widehat{S}_1} = q_{12}\bigl(\widehat{O}_1 m_{12} + \widehat{O}_3 m_{32} + \widehat{O}_4 m_{42} + \widehat{S}_1 q_{12} - Q_2^*\bigr)$$
$$+ q_{13}\bigl(\widehat{O}_1 m_{13} + \widehat{O}_2 m_{23} + \widehat{O}_4 m_{43} + \widehat{S}_1 q_{13} - Q_3^*\bigr) = 0 \quad (4.26)$$

発生ゾーン別目的地選択確率が実数観測の各集中ゾーンに対して同一値であるときを考察してみる．例えば，$m_{12}=m_{42}$ および $m_{13}=m_{43}$ のとき，式(4.22)と式(4.25)は同一式となり，連立方程式が未知変数の数に対して不足し，求解不能となる．また，$m_{12}=m_{42}=q_{12}$ および $m_{13}=m_{43}=q_{13}$ のときも同様で，連立方程式が成立しなくなる．さらに，$m_{12}=m_{32}$ および $m_{13}=m_{23}$ のときも，式(4.22)～(4.24)の連立方程式は求解できない．このように，集中トリップに基づく OD 交通量逆推定モデルの適用においては，実数観測の集中ノードに対する各発生ゾーンの目的地選択確率がすべて異なった値を有することが必要である．現実の OD 交通現象においては，発生ゾーン別目的地選択確率が部分的にでも厳密に同一値になる確率はきわめて小さいので，集中トリップによるOD 交通量逆推定モデルの実務適用には支障がないと思われる．

4.3 ゾーン集中交通量型逆推定モデルの改良

上述したように，集中トリップによる OD 交通量逆推定モデルは，現実における発生ゾーン別目的地選択確率の値によって，推定解が不定になることがある．これに加えて未知変数の数と制約条件式の数の関係がある．後者の数が前者の数を下回っていれば，推定解は不定となる．そこで，実用モデルとしてのこの弱点を解決するために，モデル構造をつぎのように改良する．

スマホデータでは，発生ゾーン別目的地選択確率に加えて，ゾーン発生交通量の相対比率（**ゾーン発生交通量パターン**）が得られる．スマホデータによる

4.3 ゾーン集中交通量型逆推定モデルの改良

域内ゾーンからの発生交通量のサンプル値を O'_c, 域外ゾーンからの発生交通量(流入交通量)のサンプル値を S'_k とする.また,これら2種類のゾーン発生交通量の総和を T' とする.

$$\sum_c O'_c + \sum_k S'_k = T' \tag{4.27}$$

同様に,推定値での総和を $\widehat{T}$ とする.

$$\sum_c \widehat{O}_c + \sum_k \widehat{S}_k = \widehat{T} \tag{4.28}$$

上述の集中トリップによる OD 交通量逆推定モデルは,式 (4.5) に示すように一部ゾーンにおける集中交通量の推定値と実数値を近似させる残差平方和項だけであるが,発生交通量の推定値である $\widehat{O}_c$ と $\widehat{S}_k$ のそれぞれを,スマホデータによるサンプル値の相対比率に近似させる残差平方和項を付け加えることにする.しかし,集中トリップの観測ゾーン数は,域内および域外の発生交通量ゾーン総数に比べてきわめて少ないので,そのままの定式化では発生交通量の残差平方和の影響が支配的となる.これを是正するために,ゾーン集中交通量の残差平方和を集中ゾーン観測数で,また発生交通量の残差平方和を発生ゾーン総数でそれぞれ除して,両者の残差平方和の重みを均等化する.これを定式化したのが以下の式 (4.29) である.このときも,推定値 $\widehat{O}_c$ および推定値 $\widehat{S}_k$ のそれぞれに対して,式 (4.8) と式 (4.9) の非負制約条件が課せられる.

$$\begin{aligned}
\Psi &= \frac{1}{N_{Q^*}} \sum_d \left(\widehat{Q}_d - Q_d^* \right)^2 + \frac{1}{2} \left[\frac{1}{N_O} \sum_c \left(\widehat{O}_c - \widehat{T} \cdot O'_c / T' \right)^2 \right. \\
&\quad \left. + \frac{1}{N_S} \sum_k \left(\widehat{S}_k - \widehat{T} \cdot S'_k / T' \right)^2 \right] \\
&= \frac{1}{N_{Q^*}} \sum_d \left[\sum_c \left(\widehat{O}_c \tau_c m_{cd} + \sum_k \widehat{S}_k \lambda_k q_{kd} \right) - Q_d^* \right]^2 \\
&\quad + \frac{1}{2} \left[\frac{1}{N_O} \sum_c \left(\widehat{O}_c - \widehat{T} \cdot O'_c / T' \right)^2 + \frac{1}{N_S} \sum_k \left(\widehat{S}_k - \widehat{T} \cdot S'_k / T' \right)^2 \right] \to \text{Min}
\end{aligned} \tag{4.29}$$

ここに,N_{Q^*} は集中トリップを実数観測するゾーン数,N_O は域内の発生ゾーン数,N_S は域外の発生ゾーン数である.

このように,ゾーン発生交通量の残差項を付け加えることで,つねに安定した推定解を求めることができる。この改良モデルでは,理論的にいえば,実数観測する集中ゾーンの数は1個だけでも推定可能である。しかし,集中交通量の観測ゾーンが1個だけでは,発生交通量の推定値に真実値からの偏りが出るので,複数ゾーンの観測が望ましい。

人工データを作成して,**図4.3**に示す簡単なネットワーク(域内ノード11個,域外ノード8個)に対して数値計算を実施したところ,以下のようなモデルの誤差特性が明らかとなっている[22]。第一は,集中交通量の多いゾーンを選定することで,OD交通量の推定精度が向上すること。第二は,**表4.1**に示す

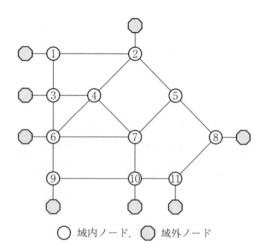

○ 域内ノード, ⬣ 域外ノード

図4.3 例題計算の仮想ネットワーク

表4.1 例題計算の誤差分析結果

		ゾーン集中交通量観測誤差		
		1.00	5.00	10.00
スマホデータ観測誤差	1.00	2.86	2.86	5.13
	5.00	4.27	4.27	5.82
	10.00	7.04	6.95	8.01

(単位:%)

ように，目的地選択確率の誤差およびゾーン集中交通量の観測誤差が増大するにつれてOD交通量の推定誤差が増大する傾向があり，また両者の交互作用により，ゾーン集中交通量の観測誤差の影響がしだいに大きくなることである。なお，誤差はすべて相対誤差で表示している。

ゾーン集中交通量とゾーン発生交通量の数値オーダーにそれほど差がない場合は，式 (4.29) で推定することに大きな問題はないと考えられる。しかし，両者の数値オーダーに大きな差があるときは，絶対値での残差平方和よりも，相対値での残差平方和の記述のほうが両項の重みのより望ましい均衡化ができる。これを定式化したのが次式である。

$$\Psi = \frac{1}{N_{Q^*}}\sum_d \left[\frac{\sum_c \left(\widehat{O}_c \tau_c m_{cd} + \sum_k \widehat{S}_k \lambda_k q_{kd}\right) - Q_d^*}{Q_d^*}\right]^2$$

$$+ \frac{1}{2}\left[\frac{1}{N_O}\sum_c \left(\frac{\widehat{O}_c - \widehat{T}\cdot O_c'/T'}{\widetilde{O}_c}\right)^2 + \frac{1}{N_S}\sum_k \left(\frac{\widehat{S}_k - \widehat{T}\cdot S_k'/T'}{\widetilde{S}_k}\right)^2\right] \to \text{Min}$$

(4.30)

ここに，$\widetilde{O}_c$ と $\widetilde{S}_k$ は，式 (4.29) で推定される $\widehat{T}$ を $\widetilde{T}$ として，以下の式 (4.31) と式 (4.32) で置き換えるものである。したがって，この場合の推定法は式 (4.29) と式 (4.30) の2段階で行われることになる。

$$\widetilde{O}_c = \widetilde{T}\cdot O_c'/T' \qquad (4.31)$$

$$\widetilde{S}_k = \widetilde{T}\cdot S_k'/T' \qquad (4.32)$$

ここでは式 (4.29) と式 (4.30) の二つの方法を示したが，その推定精度の比較については今後の検証が必要である。

集中交通量観測の対象となるゾーンエリアが広大で実測調査が困難な場合，当該ゾーン内における小ゾーンのみの集中交通量を観測する方法が考えられる。小ゾーンの集中交通量であれば実測観測はそれほど困難なことではない。この場合，逆推定モデルは次式のようになり，小ゾーンの集中分担率 β_{d_j} が用いられる。

78   4. ゾーン集中交通量型の OD 交通量逆推定モデル

$$\Psi = \frac{1}{N_{Q_{d_j}^*}} \sum_{d_j} \left[\sum_c \left(\widehat{Q}_c \tau_c m_{cd} \beta_{d_j} + \sum_k \widehat{S}_k \lambda_k q_{kd} \beta_{d_j} \right) - Q_{d_j}^* \right]^2$$

$$+ \frac{1}{2} \left[\frac{1}{N_O} \sum_c \left(\widehat{O}_c - \widehat{T} \cdot O'_c / T' \right)^2 + \frac{1}{N_S} \sum_k \left(\widehat{S}_k - \widehat{T} \cdot S'_k / T' \right)^2 \right] \to \mathrm{Min}$$

(4.33)

ここに,$N_{Q_{d_j}^*}$ は集中交通量を観測する小ゾーン数,d_j はゾーン d の小ゾーン j,β_{d_j} はゾーン d の小ゾーン j の集中分担率を表す.

小ゾーンの集中交通量を観測値とする場合,上述したように発生ゾーン交通量に比べて数値オーダーがかなり異なるので,残差項を相対値で表した式 (4.30) の適用が望ましい.

4.4　時間帯別 OD 交通量の逆推定法

ICT データを利用すると時間帯 δ ごとの事前データを作成できるので,時間帯別 OD 交通量が日単位の場合と同様の方法で逆推定できる.ICT データから,対象地域の内内交通,内外交通,外内交通,外外交通(通過交通)のそれぞれに対する時間帯別サンプル OD 交通量 $\bar{x}_{cd}(\delta)$,$\bar{y}_{cl}(\delta)$,$\bar{u}_{kd}(\delta)$,$\bar{w}_{kl}(\delta)$ が直接収集できる.これより,**発生ゾーン別目的地選択確率**は以下のように算定できる.

$$m_{cd}(\delta) = \frac{\bar{x}_{cd}(\delta)}{\sum_d \bar{x}_{cd}(\delta)} \quad (4.34\,(\mathrm{a}))$$

$$n_{cl}(\delta) = \frac{\bar{y}_{cl}(\delta)}{\sum_l \bar{y}_{cl}(\delta)} \quad (4.34\,(\mathrm{b}))$$

$$q_{kd}(\delta) = \frac{\bar{u}_{kd}(\delta)}{\sum_d \bar{u}_{kd}(\delta)} \quad (4.34\,(\mathrm{c}))$$

$$r_{kl}(\delta) = \frac{\bar{w}_{kl}(\delta)}{\sum_l \bar{w}_{kl}(\delta)} \quad (4.34\,(\mathrm{d}))$$

また,**ゾーン発生交通量比率**についても,つぎのように算定される.

$$\frac{O'_c(\delta)}{T'(\delta)} = \frac{\sum_d \bar{x}_{cd}(\delta) + \sum_l \bar{y}_{cl}(\delta)}{\sum_c \sum_d \bar{x}_{cd}(\delta) + \sum_c \sum_l \bar{y}_{cl}(\delta) + \sum_k \sum_d \bar{u}_{kd}(\delta) + \sum_k \sum_l \bar{w}_{kl}(\delta)}$$
(4.35)

$$\frac{S'_k(\delta)}{T'(\delta)} = \frac{\sum_d \bar{u}_{kd}(\delta) + \sum_l \bar{w}_{kl}(\delta)}{\sum_c \sum_d \bar{x}_{cd}(\delta) + \sum_c \sum_l \bar{y}_{cl}(\delta) + \sum_k \sum_d \bar{u}_{kd}(\delta) + \sum_k \sum_l \bar{w}_{kl}(\delta)}$$
(4.36)

しかし,時間帯 δ に発生したトリップのみのゾーン集中交通量の実数 $Q_d^*(\delta)$ は観測できないので,次式の推定値を用いることにする.なぜなら,時間帯 δ におけるゾーン集中交通量には,出発時間帯の異なるトリップが混在しているからである.

$$Q_d^*(\delta) = \frac{\bar{Q}_d(\delta)}{\sum_\delta \bar{Q}_d(\delta)} Q_d^* \qquad (4.37)$$

ここに,$\bar{Q}_d(\delta)$ は時間帯 δ に発生したサンプル OD 交通のゾーン d への集中交通量である.

$$\bar{Q}_d(\delta) = \sum_c \bar{x}_{cd}(\delta) + \sum_k \bar{u}_{kd}(\delta) \qquad (4.38)$$

すなわち,逆推定に用いる式 (4.37) の時間帯ゾーン集中交通量 $Q_d^*(\delta)$ は,実測の日単位ゾーン集中交通量 Q_d^* を,サンプル OD 交通量によるゾーン集中交通量の時間帯比率で按分した値となる.このようにして事前データが定まると,これらを式 (4.29) あるいは式 (4.30) に投入することにより時間帯別 OD 交通量が推定できる.

4.5 本章のまとめ

ゾーン集中交通量型の逆推定モデルは,一部主要ゾーンの集中交通量の推定値と観測値の残差平方和,およびゾーン発生交通量の推定値と現実値の残差平方和,の総和を最小化するモデルである.このモデルではルート選択行動を考慮しないため,定式化がきわめて簡単で推定計算も容易であり,実用性の高い

方法である．事前データは発生ゾーン別目的地選択確率とゾーン発生交通量比率であるが，その作成にはスマホデータあるいは IC カードデータを利用できる．今後は実際の交通ネットワークに適用して，モデルの実際適用性を検証する必要がある．

以下に，ゾーン集中交通量型逆推定モデルの特色を整理しておく．

・特定主要ゾーンにおける集中交通量の推定値と観測値を近接させる OD 交通量逆推定モデルである．

・事前データは，ゾーン発生交通量比率，発生ゾーン別目的地選択確率，OD 交通量の内内比率・外内比率であり，スマホデータを用いて作成できる．鉄道およびバスの駅間 OD 交通量推定には IC カードデータを用いて事前データの作成ができる．

・未知変数の個数は発生交通量のゾーン数であるため，大規模対象域でも容易に適用可能である．

・調査対象域の内内 OD 交通量，内外 OD 交通量，外内 OD 交通量，外外 OD 交通量（通過交通量）が一括して推定される．

・小ゾーンベースの OD 交通量推定は，大ゾーンにおける小ゾーンへの発生分担率と集中分担率を用いることで容易に転換できる．

・ゾーンが広大で集中交通量の観測が困難な場合は，その一部小区域での観測値を使用することで OD 交通量を推定できる．

・時間帯別 OD 交通量は，ICT データによるサンプル集中交通量の時間帯別比率と日単位ゾーン集中交通量観測値を用いて，容易に推定できる．

交通ネットワーク信頼性

5.1 要　　旨

　交通ネットワーク信頼性は交通現象変動に対する移動安定性を定量的に扱う手法であり，各種のサービス水準が信頼性指標として確率値で記述されるのが特長である．例えば，所要時間信頼性は到着時刻の確実性を表す指標であり，連結信頼性は目的地への到達可能性を表す指標である．前者は通常の交通現象に対して，後者は災害時などの突発事象に対して適用されるのが一般的である．従来における道路ネットワークの交通サービス水準は，ほとんどが確定値あるいは代表値による指標で記述されている．しかし，これらの確定値による指標では交通変動への対応力を的確に説明することは困難である．単に確定値としての現在所要時間が示されても，到着時刻の確実性は判断のしようがないのである．したがって，これからは利用者ニーズの多様性に対応するために，交通変動を考慮した確率値で交通サービス水準を記述することが望まれる．

　交通移動の出発地から到着地までのトリップ時間を確率値で記述する所要時間信頼性についていえば，つぎのような三つの利点が挙げられる．第一点は，交通情報を確率値で提供することで，交通需要の分散がはかられ，所要時間の安定性が向上することである．経路の所要時間情報を確定値で提供すると，最短時間経路への交通量集中が繰り返されるハンチング現象が起こり，経路の所要時間がきわめて不安定となる．これに対して，確率値で経路所要時間を提供すると，利用者がリスクの回避型あるいは受容型で出発時刻や経路の選択行動

が異なってくる。それゆえ，確率所要時間で情報提供することにより，利用者はリスク認識に対応した多様な交通行動が選択決定できるようになり，時間軸上と経路間で交通量が分散して，交通流の安定化が向上すると考えられる。第二点は，交通対策の影響評価において平均所要時間の短縮効果のみならず遅刻回避のための安全余裕時間の短縮効果も評価できることである。利用者が所要時間分布を知ることによって，自身のリスク認識に対応した交通行動が選択決定できるようになる。すなわち，遅刻回避をするための安全余裕時間を考慮した交通行動の選択が可能となる。安全余裕時間は，目的地までの遅刻確率を見込んだ所要時間から平均所要時間を減じた時間差で表される。道路状況が改善されると所要時間信頼性が向上するので，遅刻回避のための安全余裕時間は縮小される。従来における交通対策効果は，事前事後の平均所要時間の短縮のみに基づいて評価されているが，所要時間分布を用いることにより，安全余裕時間の短縮も加算できる。所要時間が安定化すれば，利用者は出発時刻をこの合計の短縮時間だけ遅らせることができる。このことは，われわれの日常における交通選択行動の実態とも合致している。第三点は，早着・遅刻に対する損失コストを最小化する出発時刻と経路の最適選択決定ができることである。物流交通は，ジャストインタイムといわれるように，到着時刻の指定制約が厳しくなっており，所要時間分布の利用は車両運行管理において不可欠となってきている。指定時刻に早着あるいは遅刻のいずれでもその時間長に対応した損失が発生する。早着・遅刻の損失コスト関数が既知であれば，所要時間確率密度関数を乗算することにより損失コストが算定できる。それゆえ，損失コストを最小化する出発時刻と利用経路を見出すことで，合理的な車両運行管理ができることになる。

　一方，交通移動の出発地から目的地までのトリップ移動の可能性を確率値で表記する連結信頼性には，つぎのような二つの特長がある。

　第一点は，対象OD交通に対する究極のサービス水準である到達可能性を明

示できることである．究極という意味は，最悪の状態である交通ネットワークの機能停止に至る場合である．大きな災害や事故によりネットワークを構成するいくつかのリンクが損傷により通行停止になると，ネットワークが非連結となり OD 交通によっては目的地への到達は不能となる．このような事態になれば，社会経済活動に深刻な支障をきたすので，交通ネットワークの連結信頼性を高めておくことは交通計画の上できわめて重要となる．リンクの通行障害は，災害や事故による機能停止だけでなく，渋滞による機能低下に対しても同様に取り扱うことができる．このときの連結信頼性は，渋滞に遭遇することなく目的地まで到達可能な経路が存在する確率となる．この逆である非連結信頼性は，渋滞に遭遇することなしには目的地には到達できない確率となる．

第二点は，連結信頼性分析により対象 OD 交通の脆弱断面を知ることができるので，交通ネットワークの補強対策を効果的に実施できることである．ネットワークにおける断面（カットセット）のリンクがすべて機能停止の状態になると，その面で OD 交通移動が不能となる脆弱断面となる．その出現確率が最大となる脆弱断面が交通ネットワークの非連結信頼性を決定する．非連結確率は交通サービスが最悪状態となることを表すので，最脆弱断面の出現を回避する対策が求められる．

後述するように，所要時間信頼性や連結信頼性の他にも交通ネットワーク信頼性の種類は提案されているが，本書では，この 2 種類に絞って議論することにする．交通ネットワーク信頼性の考え方は近年欧米で実際に適用されるようになってきており，わが国でも理論と実務の両面で研究開発が急速に進展しつつある．しかし，ネットワーク信頼性分析の大きな課題はデータ収集が膨大となることである．ICT データを活用する交通ネットワーク流動のモニタリングシステムは，総合交通ネットワークにおける各リンクの交通量と走行時間の変動を継続観測できることから，ネットワーク信頼性分析とは密接に関連しており，そのデータ収集に大きな役割を果たすとともに，その実用展開に多大の貢献をすることが期待される．

5.2 交通ネットワーク信頼性の考え方

5.2.1 交通ネットワークのリダンダンシー

　阪神・淡路大震災の発生後，神戸市街地へ至る主要道路が被災により寸断され，救急救援活動に支障をきたしたことは大きな社会問題となった。このため，リダンダンシーのある道路ネットワーク整備が必要である，という主張が盛んになされ，当時は一般的にも知られるようになったほどである。**リダンダンシー**とは，日本語では冗長性と訳されており，わかりやすくいえば，道路ネットワークが部分的に利用できなくなっても，代替経路が利用可能な性能，を意味している。この考え方は一見妥当のように思われるが，リダンダンシーの観点からだけで交通ネットワークの整備を進めることは難しい。なぜなら，リダンダンシーを向上させるには，迂回経路を多数確保するほど道路ネットワークとしては望ましいことになり，過剰整備になりかねないからである。したがって，リダンダンシーを保障するとしても，社会的必要性と経済的合理性の両者を考慮した道路ネットワーク計画の考え方が求められる。

　システム工学の分野では早くから機能安定性を有するシステム設計を行うために，リダンダンシーがネットワーク信頼性理論の中で取り扱われ，システムを構成する一部要素が故障しても，システム全体として正常に作動する合理的設計方法が追究されてきた。航空機や人工衛星などにおける費用制約を考慮した合理的システム設計は**ネットワーク信頼性工学**の大きな成果といえよう。しかし，システム工学と交通工学では，ネットワーク信頼性の考え方が異なることに注意しなければならない。一つは，システム全体およびその要素の機能状態に関する定義である。もう一つは，システムにおけるパスあるいは経路の取り扱い方である。

　一番目の違いについて述べると，システム工学における機能状態は，作動あるいは故障のいずれかであり，定義が明確であるのに対して，交通工学においては，交通サービス水準の考え方に応じて柔軟に機能状態を定義できることで

ある。道路の通行不能の状態は，大きな災害や事故，あるいは大規模な補修工事などによって発生する。また，完全な通行不能には至らなくても，大渋滞で一時的に通行不能に近い状態になることがある。このように通行不能の状態は，異常時と平常時のいずれでも起きるのである。通行不能の状態を拡大して考えると，ある所定の時間帯で道路が正常に機能しているか否か，で定義することができる。道路においては交通需要も供給容量のいずれも変動しており，道路区間および道路ネットワークの機能状態は，この需要と供給の変動関係を考慮したサービス水準で定義できる。最悪のサービス水準は通行停止となる状態で，大災害や大事故などの異常時を想定した場合である。一方，良好なサービス水準とは，円滑走行が維持できる状態で，平常時の交通管理が目指すべきものである。しかし，円滑な走行状態，いいかえると非渋滞の状況は，道路管理者によって定義が異なっており，一義的に決まっているものではない。このように，道路ネットワークの機能状態は，出発地から目的地まで最悪でも到達できるかかどうか，あるいは円滑な走行状態で交通移動できるかどうか，というサービスレベルの与え方で柔軟に定義できるところが，システム工学とは異なっている点である。

　二番目の違いであるシステムにおけるパスあるいは経路の取り扱い方についていえば，システム工学のパスはどのように長くても問題とならないが，交通システムの場合，非現実的なパスは除外しなければならない。例えば，情報システムにおいては最短経路の何万倍もの長大パスで結ばれることになっても，情報が正常に伝達されれば目的は達成される。しかし，道路交通の場合，迂回経路は長くても最短経路の数倍程度と思われるので，通常利用される迂回長の範囲に限定しなければならない。

　道路ネットワーク信頼性理論を用いると，道路ネットワークの構成要素である各道路区間，すなわち各リンクの通行不能確率，または各リンクの円滑走行確率が与えられると，各 OD 間に対する目的地までの到達確率，あるいは円滑走行で移動可能な確率が推計される。リダンダンシーのレベルは信頼性理論で推計された確率の値，すなわち信頼度と関係を有しているが，正確にいえば両

者は異なるものである。道路ネットワークで用いられているリダンダンシーは一般的に代替経路の選択可能性を表す定性的な指標として用いられており，これに対して信頼度は走行移動の安定性を示す定量的な指標である。リダンダンシーのレベルが高くても，信頼度の値は必ずしも大きいとはいえないし，その逆もいえる。なぜなら，迂回経路がネットワーク上で多数存在しても，実際に利用可能な経路が限られているときは，信頼度は大きな値にならないことがあるからである。反対に，どの経路も渋滞がほとんど発生しなければ信頼度の値が大きくなり，そのときのリダンダンシーは小さくてもよいからである。このようにリダンダンシーは，道路ネットワークの一部が通行不能になっても，迂回経路を通ることによって，交通移動が可能となる性能を表す定性的な指標であり，道路ネットワークのサービス水準を正確に表しているとはいえない。それゆえ，代替経路の利用を含めた道路ネットワークの交通サービス水準を定量的に的確に表すには**ネットワーク信頼性**を用いるのが適切といえよう。この信頼性は正確にいえば，**連結信頼性**といわれている。連結信頼性はOD交通間の移動可能性に関するサービス指標であるが，OD交通間の連結信頼性に対する道路区間の影響度を知ることもできる。交通計画の観点からは，最も影響度の大きい道路区間を改良整備することによって，対象OD交通のサービス改善を効果的に実現できることになる。

5.2.2 定時性の効果

高速道路が持つ特長として高速性と定時性が挙げられている。高速性は自明であるが，**定時性**はどのように理解されているのであろうか。高速道路においても渋滞はしばしば生起するので，いつも一定の所要時間で目的地まで行けるとは限らない。したがって，よくいわれる高速道路の定時性とは，平面道路との相対比較による所要時間の安定性を意味しているといえる。もう少し正確にいえば，高速道路における所要時間の変動幅は平面道路のそれよりも小さいことを表している。それでは，高速道路の定時性がなぜ重要なのであろうか，また，定時性が高ければ利用者および社会に対してどのような便益をもたらすの

であろうか。

　ある目的地まで決まった経路で何回かの自動車トリップを行うと，所要時間が毎回異なることを経験する。利用者はこの走行経験を通して，自分なりに所要時間の変動幅を認識する。そして，目的地への到着予定時刻を想定して，出発時刻を決めることになる。変動幅が大きければ，余裕時間を大きめに見込んで出発時刻を早くしなければならないし，変動幅が小さければ，余裕時間が少なくて済むので遅めに出発しても間に合う。例えば，道路に混雑がなければ目的地まで1時間で行けるが，渋滞が頻繁に発生するので，到着予定時刻に間に合うように30分の余裕時間を見て，出発時刻を1時間半前とすることは，われわれが日常よく行っている交通行動である。

　最近ではナビゲーションシステムなどの高度技術により，必要であればトリップの経路と所要時間が記録できるレベルに達している。走行移動データが先端技術を用いて車載器に蓄積されるようになれば，多数ユーザのデータ集積をすることで経路の**所要時間分布**を形成することができる。図5.1に示すように，所要時間分布の形状が横に広がっていれば，所要時間変動が大きいことを示し，所要時間信頼性が低いことを意味する。また，分布形状が一定時間周辺に集中していれば，所要時間変動が小さいことを表しており，所要時間信頼性が高いといわれる。

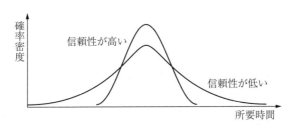

図5.1　所要時間分布の例

　所要時間分布が情報として与えられると，自己の過去経験に基づくよりも高い精度で**最適出発時刻**の選択ができるようになる。図5.2を用いて説明しよう。所要時間分布が与えられると，目的地への到着予定時刻に対する**遅刻確率**

88   5. 交通ネットワーク信頼性

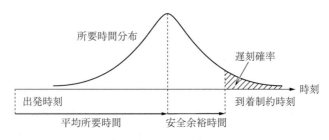

図 5.2　遅刻確率と出発時刻選択

が得られるので，遅刻を避けたい場合は，早めの出発時刻を選択することになる。具体的にいえば，このときの所要時間分布は，早めの出発時刻となる左側に移動すればよい。例えば，遅刻確率を 10 % 以下にしたいときは，目的地への到着時刻確率が 90 % 以上となるように所要時間分布の位置を移動することにより，出発時刻を決定できる。大きな渋滞がない通常時であれば，所要時間分布における**平均所要時間**で目的地に到達できるとドライバーは予測する。したがって，出発時刻が決定された所要時間分布における到着時刻と平均所要時間との差が，遅刻を避けるための**安全余裕時間**と見ることができる。安全余裕時間の大きさは遅刻確率の許容値をどのように決定するかによって異なってくる。例えば，許容値を 5 % とするときは，より早めに出発しなければならず，このときの安全余裕時間は大きくなる。しかし，遅刻許容値が 30 % でもよいとなると，遅めの出発になり安全余裕時間は小さくなる。遅刻確率の許容値は利用者のトリップ目的や時間価値によって決まるものであり，リスク回避型であれば小さな許容値，リスク受容型であれば大きな許容値を見込むであろう。したがって，各種タイプの利用者が混在していれば，遅刻確率の許容値が一様ではないので，出発時刻が分散して交通需要集中が緩和されることになる。

　また，遅刻回避のための安全余裕時間は，所要時間信頼性が向上すれば縮小する。**図 5.3** は道路整備により所要時間信頼性が向上する例を示している。整備前は所要時間信頼性が低いので所要時間の分散は大きいが，整備後は交通混雑が緩和されるので分散が小さくなる。安全余裕時間は所要時間の分散の大きさに依存する関係にあるので，図 5.3 に見られるように，整備後は安全余裕時

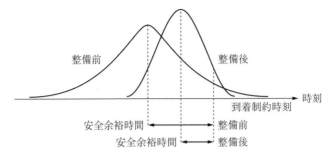

図 5.3 所要時間信頼性向上による安全余裕時間の縮小

間が整備前に比べて縮小されることになる。

このように所要時間の変動分布を考えると，交通対策による予定到着時刻に遅刻しないための**安全余裕時間減少**の効果が評価できるのである。これまでは遅刻リスクを避けるための損失時間が評価されなかったが，所要時間信頼性の考え方に基づいて定量的に評価をしていくことが望まれる。要するに，道路サービスで用いられている定時性は，所要時間信頼性で説明するのがわかりやすく，その評価も具体性を有することになる。

5.2.3 リスク回避と時間価値

指定時刻に対する遅刻による損失に加えて，早着による損失もある。遅刻による損失額は遅刻時間が大きくなるにつれて増大する。また，早着による損失額も早着時刻が早いほど増大する。**損失費用関数**は時間価値によって決まるが，単純に直線になると仮定すると，**図 5.4** の上段に示すように，遅刻損失に対する費用勾配は早着損失に対する費用勾配よりも一般的には大きくなる。なぜなら，遅刻の時間価値は機会損失を発生することがあり，早着の時間価値よりも通常は大きいからである。そして，図 5.4 の中段に示す所要時間分布，正確には**所要時間確率密度関数**，を早着・遅刻の損失費用関数に乗算することにより，下段のように早着および遅刻による損失額が算定される。当然のことであるが，これらの損失額は出発時刻によって異なった値となる。したがって，所要時間分布形状と早着および遅刻の損失費用関数が既知であれば，両者の損

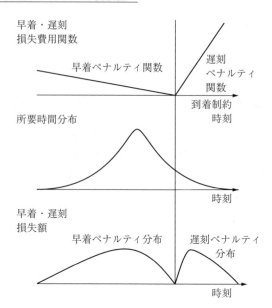

図 5.4 早着・遅刻の損失関数と損失額
〔文献 5) から作成〕

失総額が最小になるように**最適出発時刻**を選択決定することができる。要するに，早着と遅刻の時間価値の大きさに応じて，リスク損失が最小になるように合理的な交通行動が選択決定できることになる。このとき，所要時間信頼性が高くなれば，所要時間分布形状の広がりが狭まるので，早着・遅刻によるリスク損失は小さくなる。同時に，早着・遅刻に対する安全余裕時間も小さくなり，また出発時間も遅くできる。また，遅刻に対する時間価値，すなわち遅刻ペナルティ勾配が大きいときは，遅刻リスクを極力避けるために出発時間が早くなるであろうし，逆に小さいときは，遅刻してもリスクが小さいので出発時刻を遅くすることができる。このように所要時間信頼性を適用することによって，時間価値に対応したリスク回避のための最適な交通行動選択が行えるようになる。

　物流交通においては特に時間価値が高く，**ジャストインタイム**といわれるように，時刻や時間帯の指定による集配送が強く求められるようになっている。

指定された時刻や時間帯に集配送できないときは、ペナルティを課せられるので、早着・遅刻が極力避けられる輸送システムを構築する必要がある。所要時間の変動幅が大きくなると、時刻や時間帯の指定要求を満たすことが困難となるので、所要時間信頼性の高い経路を利用することは、物流企業の集配送システムにおいてきわめて重要となっている。

交通モード選択においても、所要時間信頼性と時間価値が深く関係している。道路渋滞や駐車場混雑が頻繁に発生する場合、自動車によるトリップでは大幅な遅刻に遭遇する恐れがある。そのため、予定時刻までに確実に到着するには、大きな安全余裕時間を見込んで早めに出発しなければならず、その時間損失は過大となる。また、大事なビジネスや会議のトリップでは遅刻による大きなリスクを極力避けるよう考えなければならない。所要時間信頼性の考え方を用いると、時間損失や遅刻リスクを推定できるので、利用者はトリップの時間価値と交通モードの利用コストを考慮して、最適な交通手段を選択決定することが可能となる。トリップの時間価値が高いとき、所要時間増大や遅刻リスクによる損失額はきわめて大きくなる。それゆえ、直接の交通コストが高くても所要時間信頼性の高い交通モードの便益が大きければ、その交通手段が選択されることになる。

5.3 交通ネットワーク信頼性の種類

5.3.1 連結信頼性

システム工学における**信頼性**は、「システム、機器、部品などの機能の時間的安定性を表す度合い、または性質」と定義されている[23]。この定義は、「システムを構成する要素の不規則かつ突発的な故障に対して、システムが正常に機能する性能」といいかえることができる。これを確率で表したものを**信頼度**といっている。信頼性と信頼度は厳密にいえば異なるものであるが、複雑さを避けるために、以降は信頼性を広義に用いることにして信頼度も含めることにする。交通ネットワークにおいても、システム工学が扱う機器や装置の信頼性

と同じように，交通ネットワークの一部要素が事故や災害で使用不能となっても，目的地へ交通移動できる性能が重要となる。システム工学信頼性と交通ネットワーク信頼性は共通点が多いが，信頼性グラフ解析手法を用いると，両者の関係がわかりやすい。ネットワークは，結節点であるノードと，ノード相互を直結するリンクで記述される。**信頼性グラフ解析**は，システムの要素であるリンクの信頼性と全体システムの信頼性の関係を，インプットノードとアウトプットノードをつなぐ連結性で評価する手法である[24]。**連結信頼性**とは，インプットノードからアウトプットノードに至るパスの存在有無を表しており，到達可能性を意味している。これを確率で表示したのが**連結信頼度**である。通信システムでは，インプットは送信者，アウトプットは受信者であり，この間に回線がつながることで通話が可能となる。交通システムの場合は，インプットは交通の発生ノード，アウトプットは到着ノードであり，一つのOD交通に対応しており，この間に経路があれば交通移動できることになる。

ネットワークの連結信頼性を分析するには，**パス**（経路）による方法と**カットセット**（断面）による方法がある。ネットワーク上で一つでもパスが存在すればシステムは機能する。これに対して，ネットワークにおける一つのカットセットでリンクがすべて故障すれば，システムは機能しなくなる。それゆえ，信頼性グラフを用いると，前者はパス，後者はカットセットでノード間の連結性が分析できる。パスはリンクのつながりで形成されるので，リンクの**直列構造**になる。一方，カットセットはネットワーク断面上の個別リンクからなる集合なので，リンクの**並列構造**である。したがって，特定ノード間にパスが複数本あれば，連結性はパスの並列構造で記述される。カットセットについてもネットワーク上の特定ノード間で多数存在するので，連結性はカットセットの直列構造で表示される。このようにネットワークの連結性は，パスおよびカットセットに基づいた直列構造と並列構造の組合せによる**構造関数**で記述される。リンクの状態は，機能していれば1，故障していれば0，となる2値変数であり，その信頼性はリンクが機能する期待値で示される。またシステムの状態は，所与のリンク集合で記述される構造関数の値が，機能するときは1，故

障のときは0となる2値変数で示される。システムの連結信頼性は，この構造関数の期待値で与えられる。

信頼性グラフで示されるように，システム工学と交通工学の信頼性には共通するところが多いが，異なる点があることに留意しておかなくてはならない。一つは，交通システムにおけるネットワーク連結信頼性を分析する場合，経路選択行動を考慮しなければならないことである。システム工学の連結性では，どのような遠距離の迂回路でも許容されるが，交通における迂回距離には限界がある。極端にいえば，通信システムでは地球の裏側を迂回するパスでも問題はないが，交通システムではそのような長大経路は現実的にはあり得ない。もう一つは，システム工学では要素やシステムの状態が作動か故障かの2値変数で明確に取り扱われるのに対し，交通システムでは道路リンクやOD交通間の機能状態を，所与のサービスレベルに対応して柔軟に決定できることである。最悪時は，災害や大事故などによるリンク閉鎖が生じたときのネットワークサービスレベルであり，特定OD間のトリップ移動に対する到達可能な確率で示される。通常時においては，交通現象変動による渋滞発生に対するネットワークサービスレベルとして規定することができる。このときの連結信頼性は，特定OD間のトリップが渋滞に遭遇することなく交通移動できる経路が存在する確率で与えられる。渋滞の定義は道路の管理主体によって異なっているので，定義の考え方に対応した連結性のサービスレベルを決定することができる。

5.3.2 所要時間信頼性

特定の経路を利用してある目的地まで何度もトリップを行うと，毎回の所要時間に違いがあるのはよく経験することである。道路交通の場合，所要時間が一定しないのは，交通需要と道路容量の変動に影響されるからである。交通需要は時間帯，曜日，季節，天候，イベントなどによって変化するものであり，道路容量も補修工事，路側駐車，事故，災害などによって変動する。この両者の変動により交通流動状況がつねに変化し，ときには渋滞が発生して，所要時

間に違いが生じるのである.経路所要時間の頻度データを観測蓄積することができれば,所要時間の安定性を表す**所要時間分布**,正確にいえば**所要時間確率密度関数**が得られる.この所要時間分布を用いて**所要時間信頼性**,すなわち「ある目的地まで所定の時間内で到達できる確率」が評価できることになる.

 所要時間信頼性は道路の種別や構造によって異なる性質を有しており,一般的には,所要時間分布の分散が小さければ「信頼性が高い」,分散が大きければ「信頼性が低い」といわれる.すなわち,所要時間分布の分散が小さいと,所要時間が平均値あるいは最頻値からあまり外れることがなく,所要時間が安定していることを示している.これに対して,分布の分散が大きい場合は,所要時間の変動が大きくばらついており,安定していないことを表している.図5.5でこの一例を示している.経路Aの所要時間分布は分散が小さいので「信頼性が高い」,経路Bの所要時間分布は分散が大きいので「信頼性が低い」ことを示している.経路Aと経路Bが同一OD間の代替経路であるとすると,この所要時間分布から,つぎのことが想定できる.経路Aは距離が少し長いが,道路容量が大きいので交通量が増大しても所要時間が比較的安定している.一方,経路Bの距離は短いものの,道路容量が小さいため交通量増大に伴う所要時間増加が大きい.したがって,交通量が少ない間は経路Bのほうが短時間で到達できる確率は高いが,交通量が多くなると,経路Aを利用する方が目的地に早く到達できる確率が大きくなる.例えば,交通量が少ない場合の所要時間 t_1 に対しては,両経路の所要時間は同じであるが,t_1 以内で到達できる確率は,確率密度関数の積分値で与えられるので,経路Bのほうが大

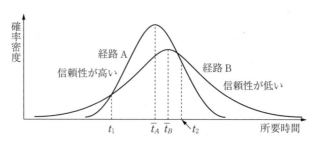

図5.5 経路Aと経路Bの所要時間分布

きな値となる．一方，交通量が多い場合の所要時間 t_2 に対しては，t_2 以内で到着できる確率は経路 A のほうが大きくなる．このように所要時間分布形状がわかると，交通量状況に応じて所要時間の短い経路が選択できることになる．興味深いのは，二つの経路の所要時間が同じ場合，確定値による所要時間情報では経路選択は半々になるが，確率値による所要時間情報では異なることである．

　もう一つの例を説明しておこう．図 5.6 は，ある OD 間を結ぶ経路における改良前と改良後の所要時間分布変化を示している．例えば，拡幅工事によって道路改良がなされたとすると，図に示すように所要時間分布は改良前の分散の大きい形状から分散の小さい形状へと変わる．この場合，経路距離は不変なので，どのような所要時間 t に対しても，その時間以下で目的地に到達できる確率は，その確率密度分布関数の積分値からわかるように，改良後のほうが大きな値となる．道路改良の場合は，平均所要時間も改良前（Before）の $\bar{t}_B$ から改良後（After）の $\bar{t}_A$ に短縮されることは自明であろう．

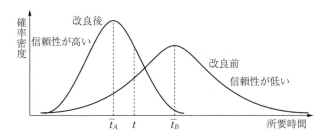

図 5.6　道路改良の前後における所要時間分布変化

　所要時間の安定性は，早着や遅刻によるリスク回避の必要性が増大してきたことと関係して，経路選択や出発時間選択における行動決定要因として重要視されるようになっており，今後実用面における適用発展が期待される[25]〜[27]．

5.3.3　遭 遇 信 頼 性

経路選択においては，所要時間などの要因に基づき自身にとって最も好まし

いと判断される選好経路を選ぶことになるが，その最適選好の経路上で機能障害が発生するかもしれない。このことから，最適選好経路上でリンク障害に遭遇する起こりやすさを考慮した**遭遇信頼性**（encountered reliability）を考えることができる[28]。遭遇信頼性の定義は，「最小費用経路を利用したときリンク障害に遭遇しない確率」となっている。

一つの OD 間に二つの経路 A と B が存在する**図 5.7** の例は，経路 A の所要時間は短いが障害に遭遇する確率は高いのに対して，経路 B の所要時間は長いが障害に遭遇する確率が低い場合を示している。経路選択行動において，障害発生に関する情報がないときは，所要時間から判断して経路 A を選択することになるので，この場合の遭遇信頼性は低い値となる。すなわち，経路 A の選択はリスクが大きいことになる。もし利用者の経路選択行動が典型的なリスク回避型で，かつ障害情報が提供されるなら，経路 B を選択することになろう。なぜなら，経路 B のリスクは小さく，遭遇信頼性は高い値となるからである。なお，この OD 間の連結信頼性は，経路 B の障害発生確率が小さいので高い値となる。

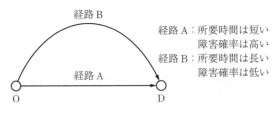

図 5.7　遭遇信頼性の例

交通量配分は，所要時間などの一般化交通費用関数に基づいて行われており，リンク障害によるリスクを考慮する場合は，交通費用にリスク損失を加えた合成型の一般化交通費用関数に修正することができる。そして，合成型一般化交通費用関数を用いることによって，経路選択行動を反映した遭遇信頼性が計算できる。合成型一般化交通費用関数において，交通費用の項を無視すると，すなわちリスク損失のみよる交通費用関数となると，その交通量配分結果

は連結信頼性となる．なぜなら，連結信頼性の計算においては，リスクの小さい経路から順番に選択されるようになっているのに対して，遭遇信頼性の計算では，一般化交通費用の小さい経路から優先的に選択されるようになっているからである．連結信頼性と遭遇信頼性の関係については，利用者が経路におけるリンク障害の情報に基づいて，最もリスクを回避するような行動をとれば，両者の値は一致するのである．

連結信頼性は経路選択行動を無視しているため，ノード間に対する到達確率の最大値ともいえるものであり，これに対して遭遇信頼性は経路選択の選好行動が考慮されているので，連結信頼性よりは一般的に小さな値になる．この両者の差が意味するところは，迂回経路の情報提供や容量制約の改善によって遭遇信頼性を向上させることが可能であるということである．

5.3.4 ネットワーク容量信頼性

交通ネットワーク容量は，「ODパターン（各OD交通量の規準化された相対比率）一定の条件の下にネットワークで移動可能な最大とリップ数」と定義される．すなわち，各OD交通量の相対比率を固定して，総トリップ数を漸次増大させると，容量上限に達するリンクが順次発生する．この過程において容量上限に達したリンク集合が一つのネットワーク断面を最初に出現するときの総トリップ数がネットワーク最大容量となる．ネットワーク最大容量は，これ以上の総トリップ数になると，容量上限に達した断面を利用するOD交通は移動不能となることを意味している．ネットワーク容量の決定においては，経路選択行動を考慮する場合と，無視する場合に分けられる．当然のことながら，経路選択行動を無視するときのほうがネットワーク容量は大きくなる．その理由は，経路選択行動を無視する場合，ネットワーク容量を増大させるように非現実的な迂回経路を強制誘導することができるからである．したがって，通常の道路交通におけるネットワーク容量に関しては，経路選択行動を考慮するのが現実的と考えられる．経路選択行動を考慮したネットワーク容量信頼性は，「ODパターンが固定された特定の総トリップ数に対して，すべてのOD

交通がネットワーク上で交通移動できる確率」と定義される.このとき,ネットワークにおける各リンクの障害発生は事前に決められた確率でランダムに与えられるとしている.

経路選択を考慮した**ネットワーク容量信頼性**はつぎのような計算法で決定することができる[29].モンテカルロシミュレーションを用いて所与の確率でリンク障害が発生した場合の最大総リップ数を,2レベル最適化問題として定式化する.このとき,利用者均衡配分を下位問題,総トリップ数の最大化を上位問題としている.この2レベル最適化問題を繰り返して計算し,リンク障害がまったくないとした現状の最大総トリップ数以上になる確率を求めて,ネットワーク信頼性とする.ネットワーク容量信頼性は,リンク障害が突発的に発生したときに,OD交通需要を処理できるレベルを表す指標であり,防災面からの交通管理に有用といえる.

連結信頼性は,リンク容量が考慮されていないために,ネットワーク信頼性は過大値となっている.遭遇信頼性は,経路選択行動が考慮されているので,リンク容量の影響が潜在的に反映されているが,リスク回避行動が大きくなるとその影響は小さくなる.これに対して容量信頼性は,リンク容量を明示的に取り扱うもので,その制約により交通移動が不能となるOD交通量レベルが確率で推定される.

5.3.5 その他の信頼性指標

上述したネットワーク信頼性の他にも,交通量減少信頼性や脆弱性がある.**交通量減少信頼性**とは,リンク障害に伴うネットワーク全体における発生交通需要変化への影響度を表す指標である.その定義は,「リンク障害の発生に対して発生交通量の減少率がある閾値を超えない確率」とされている[30].交通現象における需要量と施設供給量の関係を示す需要供給関数に見られるように,交通施設の障害に伴う交通サービス低下により交通需要は減少する性質を有している.このときの交通需要量は,ノード発生交通量あるいはOD交通量を対象としている.交通量減少信頼性が高いということは,交通施設障害が発生し

てもノード発生交通量やOD交通量はそれほど大きく減少しないことを意味しており，その施設障害の影響度が小さいことを表している．逆に，日常の交通量が多い発生ノードやOD交通において，交通量減少信頼性が低いときは，突発事象が発生したときの影響度は大きいことを意味するので，関連の交通施設を優先的に補強改善することが必要となる．

脆弱性には2種類の定義がある．一つは，経路閉鎖に至る突発事象の影響度を脆弱性といっており，脆弱性の値は利用者の期待に反する可能性や結果が増大すれば増加する[31]．したがって，脆弱性は信頼性とは本質的に逆の概念であり，信頼性が減少すれば脆弱性は増大する性質を持つ．もう一つは，少数リンクの障害発生による深刻な逆効果の起こりやすさであり[32]，連結脆弱性とアクセス脆弱性に区別されている．連結脆弱性は，リンク障害の発生に対してOD交通の一般化交通費用が急激に増大したとき，脆弱性が高いと評価される．またアクセス脆弱性は，リンク障害の発生に対して，ある発生ノードから他ノードへ結ぶアクセシビリティが大きく低下するとき，この発生ノードは脆弱性が高いと評価される．脆弱性は確率で記述されるのではなく，現実的な結果の指標で表示される．

5.3.6 各種信頼性の適用対象

交通信頼性については，これまで説明してきたように多様な種類があり，使用目的によってそれぞれの指標の適用対象が異なっている．これをまとめたのが**表5.1**である．

表5.1 信頼性指標と適用対象

信頼性指標	適用対象
連結信頼性	個別OD
所要時間信頼性	個別経路
遭遇信頼性	個別経路
容量信頼性	ネットワーク全体，個別OD
交通量減少信頼性	ネットワーク全体，個別OD
脆弱性	個別OD，個別ノード

連結信頼性は，特定の OD ペアに対する交通移動の到達可能性，あるいは所与交通サービスレベルでの移動可能性を表す尺度である。前者は災害や大事故などの突発事象が発生したときの異常時を想定しており，後者は通常の交通量変動に基づいたサービスレベルを対象にしたもので平常時を想定している。連結信頼性指標により OD 間でトリップできる確率が求められるので，OD 交通における発生トリップの制約レベルが示されることになる。ネットワーク全体の連結信頼性は，OD 交通ごとの連結信頼性を交通量の重みで統合する方法で評価される。しかし，この方法の妥当性については議論の余地がある。

所要時間信頼性は，リンクあるいはルートごとに評価される尺度である。リンクやルートの所要時間分布形状が既知となっているので，希望所要時間に対する目的地への到着確率を判断することにより，利用者に最適となる経路や出発時刻の選択決定をすることができる。所要時間の分布形状は通常の交通量変動をベースにして観測データから作成される。

遭遇信頼性は，最小費用経路を選択したときにリンク障害に遭遇しない確率であり，この計算においては OD 交通に対する経路選択行動が考慮されている。すなわち，経路選択行動は一般化交通費用にリスク損失を加えた合成型関数に基づいて行われるとしている。このときのリンク損失は，突発事象によるリンク機能低下，あるいは通常の交通量変動による混雑発生のいずれにも対応できる。

ネットワーク容量信頼性は，ネットワークにおける各リンク障害が所与の確率でランダムに発生するとしたとき，固定 OD パターンを持つ特定の総トリップ数に対して，すべての OD 交通が通常の経路選択行動に基づいて交通移動できる確率である。したがって，ネットワーク全体としてのサービスレベルを表す尺度であるが，個別の OD 交通に対しても交通移動可能な確率が得られる。リンク障害の発生は，連結信頼性や遭遇信頼性と同様に，平常時および異常時のいずれに対しても適用できる。

交通量減少信頼性は，リンク障害に伴うネットワーク全体における発生交通需要変化への影響度を表す尺度であり，このときの交通需要量は，ノード発生

交通量あるいは OD 交通量を対象としている。また**脆弱性**は，リンク障害による OD 交通やノード発生交通の困難性を表す尺度である。交通量減少信頼性および脆弱性のいずれも，リンク障害は突発事象により発生すると想定している。

以上のように，交通ネットワーク信頼性には多くの種類があるが，これらのうち実際適用性の高い連結信頼性と所要時間信頼性について，つぎに詳しく述べる。

5.4 連 結 信 頼 性[33]

5.4.1 定　　　義

交通ネットワークにおける**連結信頼性**は，「リンク機能障害が所与の確率で発生するとしたとき，リンク障害の影響を受けずに目的地に到達できる経路が存在する確率」と定義される。ただし，リンク機能障害の状態は一意的に与えられるものではなく，目的に応じて柔軟に設定できる。最悪レベルのリンク機能障害は，リンクの通行機能が停止される状態であり，この場合の連結信頼性は OD 交通のトリップが目的地に到達できる確率となる。また，渋滞レベルでリンク機能障害を規定するとき，連結信頼性は OD 交通が渋滞に遭遇することなく目的地に到達できる経路を有する確率となる。前者は災害や大事故などが発生したときの異常時に対する交通移動可能なサービスレベル，後者は通常の交通現象変動に対する円滑移動のサービスレベルを表す指標といえる。

交通ネットワークの連結信頼性において留意すべきことは，経路利用の現実性を考慮しなければならないことである。システム工学の連結信頼性では，例えば，地球の裏側を経由する遠距離経路でも可能であるが，交通トリップの場合，そのような長大な迂回経路や複雑なジグザグ経路は非現実的であり，利用経路としては対象から排除する必要がある。この点が交通ネットワークの連結信頼性の特長であり，システム工学の連結信頼性と異なるところである。

5.4.2 構造関数

交通ネットワークの連結信頼性は，事前に与えられたリンク機能障害の発生確率に対して求められる．連結信頼性を計算するには，リンクとネットワークの機能状態を記述することが必要である．リンクaが機能しているかどうかの状態をつぎのように2値変数 x_a で表すことにする．

$$x_a = \begin{cases} 1, & \text{リンクaが機能するとき} \\ 0, & \text{それ以外のとき} \end{cases} \tag{5.1}$$

同様に，ベクトル $\mathbf{x} = (x_1, \cdots, x_a, \cdots x_l)$ をシステムの状態ベクトルとすると，ODノード間の交通サービス状態 ϕ はつぎのように記述される．ただし，l（エル）はネットワークを構成するリンク数である．

$$\phi(\mathbf{x}) = \begin{cases} 1, & \text{システムが機能しているとき} \\ 0, & \text{それ以外のとき} \end{cases} \tag{5.2}$$

式(5.2)はシステムの機能状態を表す**構造関数**と呼ばれており，ネットワーク形状によって関数形が決まる．システムの連結信頼性は，この構造関数を用いて計算される．

システムが図5.8のような**直列システム**で構成されている場合，構造関数はつぎのように表示される．

図5.8 直列システム

直列システム

$$\phi(\mathbf{x}) = \prod_{a=1}^{l} x_a \tag{5.3}$$

図5.8の例では，次式となる．

$$\phi(\mathbf{x}) = x_1 x_2 \cdots x_l \tag{5.4}$$

この構造関数からわかるように，直列システムでは構成リンクの一つでも障害が発生すれば，すなわち一つのリンクで $x_a = 0$ となれば，システム構造関数 ϕ の値はゼロとなり，システムが機能しないことを表す．逆にいえば，すべて

の構成リンクに障害がないときに限り，システムが正常に機能できることを意味している。

一方，システムが**図5.9**のような**並列システム**で構成されている場合，構造関数は次式で示される。

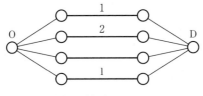

図5.9 並列システム

並列システム

$$\phi(\mathbf{x}) = \coprod_{a=1}^{l} x_a \equiv 1 - \prod_{a=1}^{l} (1 - x_a) \tag{5.5}$$

図5.9の例では，次式となる。

$$\phi(\mathbf{x}) = 1 - (1-x_1)(1-x_2)\cdots(1-x_l) \tag{5.6}$$

システムが並列構造で構成されていれば，すべてのリンクに障害が発生したとき，すなわち，すべてのリンクで$x_a=0$となれば，システム構造関数ϕがゼロとなり，システムが機能しないことを表す。逆にいえば，リンクの一つでも障害発生がなければ，システムが機能することを意味している。

対象システムが直列システムと並列システムの組合せで構成されている場合，その構造関数は，式 (5.3) と式 (5.5) の組合せで記述できる。しかし，一般のシステムは必ずしもこのような単純な構造ではないので，ここでは，ネットワーク構造が効率的に取り扱えるミニマムパスおよびミニマムカットセットによる方法について述べる。**ミニマムパス**とは，グラフあるいはネットワークにおいて，ノード間が連結されるために必要にして十分なリンク集合で形成される経路のことであり，また**ミニマムカットセット**（以下では簡単のためにミニマムカットという）は，ノード間が非連結となるための必要にして十分なリンク集合で形成される断面のことである。**図5.10**のOD交通に対するミニマムパスとミニマムカットの例を示すと，以下のようになる。

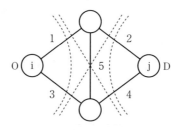

図 5.10 道路ネットワークのパスとカットセットの例

ミニマムパス：[1, 2], [3, 4], [1, 5, 4], [3, 5, 2]

ミニマムカット：[1, 3], [1, 5, 4], [2, 5, 3], [2, 4]

図 5.10 のネットワークに対して，ミニマムパスによるシステム構造関数を図形で表したのが**図 5.11** である。

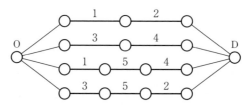

図 5.11 ミニマムパスによるシステム構造

ミニマムパスは直列システムなので，次式のように記述できる。

$$\alpha_s(\mathbf{x}) = \prod_{a \in P_s} x_a \tag{5.7}$$

ここで，P_s は s 番目パスを表している。$\alpha_s(\mathbf{x})$ は s 番目パスの構造関数であり，構成リンクの状態変数の乗算で与えられる。システム全体としての構造は，ミニマムパスの並列システムとなっているので，構造関数は次式のように表示される。

$$\phi(\mathbf{x}) = \coprod_{s=1}^{p} \alpha_s(\mathbf{x}) = \coprod_{s=1}^{p} \prod_{a \in P_s} x_a \equiv 1 - \prod_{s=1}^{p}\left(1 - \prod_{a \in P_s} x_a\right) \tag{5.8}$$

ただし，p はパス総数を示している。図 5.10 の例に対して，ミニマムパスによるシステム構造関数を具体的に示したのが，次式である。

$$\phi(\mathbf{x}) = 1 - (1 - x_1 x_2)(1 - x_3 x_4)(1 - x_1 x_5 x_4)(1 - x_3 x_5 x_2) \tag{5.9}$$

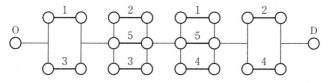

図 5.12 ミニマムカットによるシステム構造

つぎに，ミニマムカットによるシステム構造関数を図形で表したのが**図5.12**である．

ミニマムカットは並列システムなので，次式のように示される．

$$\beta_s(\mathbf{x}) = \coprod_{a \in K_s} x_a \equiv \left\{1 - \prod_{a \in K_s}(1-x_a)\right\} \tag{5.10}$$

ここで，K_s は s 番目カット，$\beta_s(\mathbf{x})$ は s 番目カットの構造関数である．システム全体としてはミニマムカットの直列システムとなっているので，構造関数は次式のように記述される．

$$\phi(\mathbf{x}) = \prod_{s=1}^{k} \beta_s(\mathbf{x}) = \prod_{s=1}^{k} \coprod_{a \in K_s} x_a \equiv \prod_{s=1}^{k}\left\{1 - \prod_{a \in K_s}(1-x_a)\right\} \tag{5.11}$$

ただし，k はカット総数である．図5.10の例に対して，ミニマムカットによるシステム構造関数を具体的に示したのが次式である．

$$\begin{aligned}\phi(\mathbf{x}) = &\{1-(1-x_1)(1-x_3)\}\{1-(1-x_2)(1-x_5)(1-x_3)\}\\&\times\{1-(1-x_1)(1-x_5)(1-x_4)\}\{1-(1-x_2)(1-x_4)\}\end{aligned} \tag{5.12}$$

ミニマムパス，およびミニマムカットのいずれを用いても，システム構造関数から得られるシステム状態の結果は同一となる．例えば，$(x_1, x_2, x_3, x_4, x_5) = (1, 1, 0, 0, 0)$ のとき，式 (5.9) および式 (5.12) はいずれも $\phi = 0$ となる．

5.4.3 厳密計算法

リンク信頼性 r_a は，状態変数 x_a を確率変数としたときの期待値で与えられる．

$$r_a = E[x_a] \tag{5.13}$$

また，システム信頼性，すなわち OD ノード間の**連結信頼性** R は，システ

ム構造関数の期待値で示される．

$$R = E[\phi(\mathbf{x})] \tag{5.14}$$

OD ノード間の連結信頼性は，ミニマムパスを用いると，式 (5.8) から次式で記述される．

$$R = E[\phi(\mathbf{x})] = E\left[1 - \prod_{s=1}^{p}\left(1 - \prod_{a \in P_s} x_a\right)\right] \tag{5.15}$$

また，ミニマムカットを用いると，式 (5.11) から次式で表示される．

$$R = E[\phi(\mathbf{x})] = E\left[\prod_{s=1}^{k}\left\{1 - \prod_{a \in K_s}(1 - x_a)\right\}\right] \tag{5.16}$$

式 (5.15) あるいは式 (5.16) で求められるノード間信頼性は厳密値である．図 5.10 の例に対して，**OD 間連結信頼性** R をミニマムパスおよびミニマムカットを用いて記述するとそれぞれ以下のようになる．

$$R = E[1 - (1 - x_1 x_2)(1 - x_3 x_4)(1 - x_1 x_5 x_4)(1 - x_3 x_5 x_2)] \tag{5.17}$$

$$\begin{aligned}R = E[&\{1 - (1 - x_1)(1 - x_3)\}\{1 - (1 - x_2)(1 - x_4)\} \\&\times \{1 - (1 - x_1)(1 - x_5)(1 - x_4)\}\{1 - (1 - x_2)(1 - x_5)(1 - x_3)\}]\end{aligned} \tag{5.18}$$

ミニマムパスあるいはミニマムカットを用いた式 (5.17) あるいは式 (5.18) で構造関数の期待値を求めるのであるが，期待値項における構造関数を展開すると，この例ではすべてのリンクの状態変数が重複して出現する．連結信頼性の厳密値を求めるには，リンク状態変数の重複を避けなければならないので，論理積に関する**ブール演算**（例えば，$x_a \cdot x_a = x_a$）が必要となる．しかし，ブール演算をするとなると，リンク数の増大に伴い構造関数におけるリンク状態変数の重複が指数関数的に増加するので，ネットワークの規模が大きくなると，膨大な計算量を要することになる．したがって，できるだけ精度の高い連結信頼性の値が得られる効率的な近似計算法が求められる．

この方法で留意すべきことは，すべてのミニマムパス，あるいはすべてのミニマムカットを用いることによって，OD 間の連結信頼性の正しい値が得られることである．しかし，すべてのミニマムパス，あるいはミニマムカットを含めるとなると，交通行動では現実にはあり得ないパスやカットも対象にしなけ

ればならない．例えば，パスでは長大な迂回経路や複雑なジグザグ迂回経路も含まれることになる．また，カットにおいても同様に長距離の迂回断面やジグザグ断面も考慮の対象となる．交通工学の観点からはこのような非現実的なパスやカットは意味がないので，できる限り計算対象から除外しなければならない．

5.4.4 近似計算法

連結信頼性の正確な値は，すべてのミニマムパスを選択対象とした式(5.15)，あるいはすべてのミニマムカットを選択対象とした式(5.16)を用いて，ブール演算処理をすることにより求めることができる．式(5.15)は，**図5.13**に示されるように，ミニマムパスの選択数に対して単調増加関数Aとなっており，すべてのパスが選択されると厳密値aが得られる．これに対して，式(5.16)はミニマムカットの選択数に対して単調減少関数Bとなっており，すべてのカットが選択されると厳密値bとなる．しかし，これら両者の方法はネットワークが大規模になるとパスとカットの選択数が膨大となり，求解が困

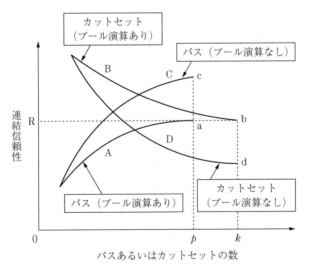

図5.13 エザリー-プロスチャンの上・下限値と交点法

難となる問題を有している．したがって，現実の交通ネットワーク規模に対する連結信頼性を効率的に計算できる近似計算法が必要となる．そこで，実用的な近似計算法である**交点法**[34]をつぎに説明する．

交点法では，式 (5.15) および式 (5.16) の代わりに，つぎの式 (5.19) と式 (5.20) を用いる．

$$\text{ミニマムパス}: R_p = 1 - \prod_{s=1}^{p'}\left(1 - \prod_{a \in P_s} r_a\right) \tag{5.19}$$

$$\text{ミニマムカット}: R_k = \prod_{s=1}^{k'}\left\{1 - \prod_{a \in K_s}(1 - r_a)\right\} \tag{5.20}$$

ここに，p' および k' はそれぞれパスとカットの選択数であり，$p' \leqq p$，$k' \leqq k$ である．ミニマムパスを用いた式 (5.19) は，図 5.13 に示されるように，パス選択数に関する単調増加関数 C となっている．そして，パス選択数 p' がその総数 p に達すると，R_p は次式で示されるエザリー–プロスチャン（Esary-Proschan）の上限値 c となる．

$$U = 1 - \prod_{s=1}^{p}\left(1 - \prod_{a \in P_s} r_a\right) \tag{5.21}$$

一方，ミニマムカットを用いた式 (5.20) は，図 5.13 に示されるように，カット選択数に関する単調減少関数 D であり，カット選択数 k' がその総数 k に達すれば，R_k は次式で示されるエザリー–プロスチャンの下限値 d となる．

$$L = \prod_{s=1}^{k}\left\{1 - \prod_{a \in K_s}(1 - r_a)\right\} \tag{5.22}$$

交点法は，ミニマムパスに対応した式 (5.19) の単調増加関数と，ミニマムカットに対応した式 (5.20) の単調減少関数との交点で，連結信頼性を求めようとする方法である．この両式はブール演算処理をする必要がないので，計算がきわめて簡単になる．また，式 (5.19) の単調増加関数の増加勾配，および式 (5.20) の単調減少関数の減少勾配が，できるだけ大きくなるように順次パスとカットを選択すれば，その交点は厳密値により近接することが見込まれる．この方法ではミニマムパス，およびミニマムカットの総数の一部しか用いないので，それだけ計算量が少なくて済む利点がある．その計算法は以下のとおりである．

ミニマムパスに対応する単調増加関数の増加勾配が極力大きくなるようにするには，式(5.19)からわかるように，$\prod_{a \in P_s} r_a$ が最大となるようにパスを順次選択すればよい。このことは信頼性の高いミニマムパスから順次選択することを意味している。パス P_s に対する $\prod_{a \in P_s} r_a$ の対数をとると次式となる。

$$L(P_s) = \log\left(\prod_{a \in P_s} r_a\right) = \log r_1 + \log r_2 + \cdots + \log r_m \tag{5.23}$$

ここに，m はパス P_s を構成するリンク数である。

この式において，$0 \leq r_a \leq 1$ であるから，式(5.23)を最大化することは，各リンク長を $-\log r_a$（$r_a = 0$ のときは無限大）で表示すると，最短経路を求める問題となる。このようにして，ミニマムパスに対応する式(5.19)の単調増加関数が最大となるように順次パスを選択する方法は，1番目最短経路から順番に k 番目最短経路を追加探索する問題と同じとなる。

例えば，図5.10においてリンク長を $-\log r_a$ と置き換えて，パスの最短順位が経路（1・2），経路（3・4），経路（1・5・4），経路（3・5・2）となれば，式(5.19)の計算はこの順番で経路集合を順次追加して行うことになる。

ミニマムカットに対応する単調減少関数の減少勾配が最大となるようにするには，式(5.20)からわかるように，$\prod_{a \in K_s}(1-r_a)$ が最大となるカットセットを順番に選択すればよい。パス K_s に対する $\prod_{a \in K_s}(1-r_a)$ の対数をとると次式のようになる。

$$L(K_s) = \log\left(\prod_{a \in K_s}(1-r_a)\right) = \log(1-r_1) + \log(1-r_2) + \cdots + \log(1-r_n) \tag{5.24}$$

ミニマムカットの選択には，**図5.14**に例示されているように，オリジナルネットワークに対する**双対ネットワーク**が利用される。そして，ミニマムカットの選択順序については，ミニマムパスの場合と同様に，双対ネットワークを用いたノード i′ からノード j′ への k 番目最短経路問題となる。

交通ネットワークの連結信頼性を解析するとき，ブール演算をするか否か，ミニマムパス・ミニマムカット選択が全部か一部か，で計算量が大きく異なるし，結果の精度にも影響してくる。これらを整理したのが**表5.2**である。

110   5. 交通ネットワーク信頼性

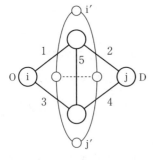

表5.2 連結信頼性の計算法の性質

	ブール演算あり	ブール演算なし
全部パス	最適値	上限値
一部パス	最適値より小	上・下限値の間
全部カットセット	最適値	下限値
一部カットセット	最適値より大	上・下限値の間

図5.14 双対ネットワーク

　厳密値を求めるには，ミニマムパス・ミニマムカットをすべて選択してブール演算しなければならない。この計算方法は理論に基づいた考え方であるが，現実の道路規模では計算が膨大となり，求解することはきわめて困難となる。ところが，ブール演算をしない方法では，ミニマムパスに対してはすべてを選択すると上限値となり，ミニマムカットに対してはすべてを選択すると下限値となる。連結信頼性の厳密値は上限値と下限値の間に存在するので，ブール演算をすることなく一部のミニマムパス・ミニマムカットを選択して，精度の高い近似解が求まれば最も望ましい。交点法はこのような観点から開発された計算法であり，厳密値に近接した交点を極力少ないミニマムパス・ミニマムカット数で探索するヒューリスティックな方法である。

　交点法により，図5.15の交通ネットワークにおけるノード1からノード16

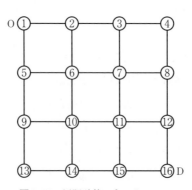

図5.15 例題計算のネットワーク

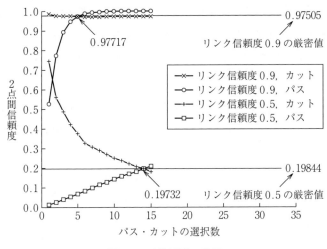

図 5.16　例題計算の結果

へのOD交通に対して，連結信頼性を計算した結果が**図5.16**である。

　この計算例では，すべてのリンク信頼性を同じ値で与えており，0.9と0.5の2ケースについて計算を行っている。これらのリンク信頼性に対する厳密値は，ブール演算処理をすることにより，それぞれ0.97505と0.19844となる。これに対して，交点法ではそれぞれ0.97717と0.19732となる。両者の方法による解を比較すると小数点以下3桁レベルでの誤差であり，このことは連結信頼性を1年間の期間で評価した場合，数日程度の誤差と考えられる。交通現象には不確定要因が多いことを考えると，この例題計算の結果にも見られるように，交点法は交通ネットワークの連結信頼性を求めるための近似計算法として，きわめて実用的な手法といえる。

　例題計算の意味については，つぎのように解釈できる。各リンクの信頼性確率は，災害や大事故などの発生を想定した異常時ではリンク通行確率（リンク非閉鎖確率），通常時の交通現象変動に対してはリンク円滑走行確率（リンク非渋滞確率）として扱われる。したがって，異常時において各リンクの通行確率が0.9の場合，ODトリップの98%が目的地まで交通移動できることを示している。また，各リンクの通行確率が0.5のときは，OD交通の20%しか

目的地に到達できないことになる。通常時の連結信頼性として解釈すると，各リンクの円滑走行確率が 0.9 のときは OD 交通の 98 %，0.5 のときは OD 交通の 20 % が途中で渋滞に遭遇することなく目的地まで円滑走行で移動できることを表している。

このように連結信頼性は異常時，および平常時のいずれに対しても，リンク信頼度の与え方を変えることによって適用できる。この例題で興味深いのは，リンク信頼度が低下するのに伴い，ネットワーク連結信頼度がそれ以上に低下することである。リンク信頼度は 0.9 の場合，OD 交通のほとんどが目的地に到達できるが，リンク信頼度が 0.5 に低下すると 20 % のトリップしか目的地に到達できないことになり，連結信頼度の落ち込みはリンク信頼度の低下を大幅に上回っている。

なお，この例題計算ではリンク信頼性を仮想値で与えたが，連結信頼性を現実ネットワークに適用するときは，適切な方法で事前に決定しておく必要がある。すでに述べたように，リンク信頼性を表すリンク機能障害の発生確率は，異常時に対してはリンクの閉鎖，あるいは通行止めの発生確率，通常時に対しては，リンクにおける渋滞発生確率で与えられる。異常時におけるリンク機能障害の発生確率推定については，まだ課題が多く残されているが，防災工学の研究成果に期待するところが大きい。通常時のリンク信頼性に関しては，交通ネットワーク流動モニタリングシステムによってリンクの渋滞発生頻度を観測する方法で行える。

5.4.5 実用計算法

交通計画の観点からは，交通ネットワーク連結信頼性の値を知るだけでは意味がなく，交通移動に支障をきたすネットワークの脆弱断面を見出すことが重要である。交通ネットワークの特定カットセット（断面）におけるリンク集合が正常に機能しないとなると，ネットワークは分断されて非連結状態となり，交通移動が不可能となる。このようにネットワークが非連結となるカットセッ

トを**脆弱断面**といい，そのうち，非連結確率が最大となるカットセットを**最脆弱断面**，あるいは**臨界断面**（クリティカルカットセット）という。最脆弱断面は，特定OD交通のトリップ移動に対して最も発生確率の高いリスク（移動支障）断面を意味しており，この断面改良によって最悪リスクを軽減できることになる。

最脆弱断面を理論的に探索することは容易ではないが，ここではモンテカルロシミュレーション（以後，シミュレーションという）を用いた実用計算方法を説明する。この実用的計算法を用いると，ネットワーク信頼度（あるいは，非連結度）も同時に求められる利点がある。なお，連結信頼度と非連結信頼度は表裏の関係にあり，その合計が1.0である。

対象道路ネットワークと各リンクの故障確率が**図5.17**のように与えられているとして，ノード1とノード6のOD間の連結信頼性を求める方法を述べる。ここでは，災害によるリンクの通行停止や交通渋滞による移動遅滞を故障と称することにする。

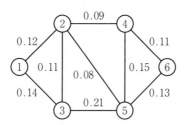

図5.17 対象道路ネットワークとリンク故障確率の例

〔1〕 **事前データの投与**

道路ネットワークの各リンクに対して，事前に故障確率を与える。例えば，図5.17の道路ネットワークにおいて，リンク12に故障確率0.12が与えられる。他のすべてのリンクについても同様に与えられる。対象道路ネットワークの規模については，交通行動特性を考えて，例えば，最短経路のα倍を超えるようなリンクは対象ネットワークから除去する。

〔2〕 **一様乱数によるリンク機能状態の決定**

リンクの機能状態を，リンクが機能しているとき1，故障している（機能していない）とき0，となる2値変数 x で表す。

事前決定された各リンクの故障確率に対して，一様乱数 z を用いて，リンク機能状態を決める。例えば，図5.17のリンク12に対して，発生させた一様乱数 z が $0.0 \leq z \leq 0.12$ であれば，リンク12は故障しているとして $x=0$，とする。そうでなければ，機能しているとして $x=1$ とする。同様にして，他のすべてのリンクごとにそれぞれの故障確率に対して，一様乱数の発生により，リンク状態が1か0かを決める。一様乱数とはある有限の区間を区切って，その区間内ですべての実数が同じ確率で現れるような乱数のことであり，ここでは有限区間を0から1までの範囲とする。

〔3〕 **連結性の判定**

上のようにして各リンクの機能状態が決まると，故障している（機能していない）リンク（x が0となっている）は対象ネットワークから除去し，機能しているリンク（x が1となっている）はそのまま存続させる。このようにして形成されたネットワークを故障ネットワークと呼ぶことにする。

故障ネットワークにおける特定OD間の連結性判定はつぎのような方法で行える。特定ODの起点Oから終点Dに至る経路が存在する場合をネットワークの連結状態，経路が存在しない場合をネットワークの非連結状態といい，連結状態変数 y で表す。連結状態変数 y は，連結のとき $y=1$，非連結のとき $y=0$ となる2値変数である。

連結性の判定は，起点ノードOから終点ノードDに向けて，順次隣接ノードに到達可能かどうかを調べる**ラベリング法**で行える。ここでのラベリング法は，隣接ノードに到達できればラベル付け可能，到達できない場合はラベル付け不能，となる単純な方法である。このようにして起点ノードOから終点ノードDまで順次リンクを辿ってラベル付けが可能となれば，ネットワークは連結状態と判定され，$y=1$ となる。ラベル付けを最短経路探索と組み合わせて行う方法も考えられるが，故障ネットワークにおいては，かなり迂回しても起

終点間の到達可能であることが最大の課題である．ここでは簡単にするために最短経路は特に考慮せず，到達可能性のみを判別することにする．ただし，現実的な交通行動を考慮して，最短経路の α 倍を超える経路のリンクは対象ネットワークから除外することにする．

ラベリング法において，ネットワークが非連結となるときは，ラベル付与のノード集合と，ラベル不能のノード集合に分けられる．このようにノード集合を分離するリンク集合をカットセットと呼んでいる．

故障ネットワークにおいて，ノード1からノード6への連結状態の例を示したのが**図5.18**である．点線で示したリンク25とリンク45，リンク56が故障した状態となっているが，ノード1からノード6には到達可能であり，ネットワークは連結状態となっている．

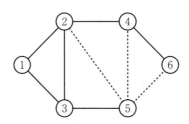

図5.18 故障ネットワークの
連結状態の例

故障ネットワークにおいて非連結状態の例が**図5.19**に示されている．この場合，起点ノード1からラベル付けが可能なノードはノード2，ノード3，ノード5であり，それ以外ノードはラベル不能となる．そして，カットセット

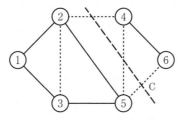

図5.19 故障ネットワークの非連結
状態とカットセットの例

C{リンク24, リンク45, リンク56}により, ノード集合{1, 2, 3, 5}とノード集合{4, 6}に分離されている。

〔4〕 **特定 OD 間の連結信頼性および脆弱断面の生起確率の計算法**

上述した〔2〕と〔3〕の操作を多数回繰り返し, 非連結状態 ($y=0$) の出現回数を数え上げることで, ネットワーク連結信頼性が計算できる。例えば, 図5.17の道路ネットワークに対して1万回の試行を行い, そのうち, 非連結となる状態が500回出現すれば, 連結信頼性は0.95（非連結性は0.05）となる。また脆弱断面となるカットセットの生起確率は, その出現回数を数えて, 試行回数に対する比率で与えられる。図5.19の例において, カットセットCが300回出現するとすれば, 生起確率は0.03となる。ノード集合を分離するカットセットは複数個の出現が考えられるが, 最脆弱断面（クリティカルカットセット）はそのうちで非連結となる生起確率が最大となるカットセットである。また**最脆弱リンク**（クリティカルリンク）は, 最脆弱断面に含まれる故障確率が最大のリンクとみなすことができる。

〔5〕 **リンク故障確率が隣接リンクと相関があるときの方法**

甚大な障害が発生すると, ネットワークにおけるリンク故障はそれぞれ独立に発生するのではなく, 隣接あるいは周辺のリンクは相互に高い相関を有して故障発生することが多い。図5.17の例でいえば, リンク12が故障すると, リンク23やリンク24およびリンク25も故障する可能性が高い。このような場合も, ミュレーションを用いて, 条件付きでリンク故障を事前決定された発生確率で与えることができる。具体的な方法を以下に述べる。

 ⅰ）上記〔2〕で述べたように, 事前決定された確率に基づいて各リンクの故障が一様乱数で与えられるので, 着目リンクが機能状態か故障状態かを判別する。

 ⅱ）着目リンクが機能状態であれば, その隣接リンクの故障発生は着目リンクとは独立に〔2〕の方法で行う。

 ⅲ）着目リンクが故障状態であれば, その隣接リンクの故障発生は, 着目リンクの故障発生条件付きでの事前決定確率に基づいて,〔2〕の方法を応

用して行う．

　例えば，図5.17においてリンク12に着目すると，着目リンク12が故障しないとき，その隣接リンクであるリンク23およびリンク24，リンク25の故障状態は，着目リンク12とは独立して，一様乱数で発生させる．着目リンク12が故障するときは，この故障発生条件の下で隣接リンク23の故障状態を発生させる．例えば，着目リンク12の故障発生条件下での隣接リンク23の故障確率が0.9であるとして事前決定されていると，一様乱数が0から0.9の範囲に入っていれば，リンク12の故障発生条件下でのリンク23の故障状態が生起することになる．

　この方法で，条件付きリンク故障をすべてのリンクについて順次発生させる計算操作を行うと，隣接リンクが重合する場合が出てくる．例えば，リンク24はリンク12およびリンク46の隣接リンクとなっており，重合している．リンク12およびリンク46の両方が同時に故障状態となるとき，リンク24の条件付き故障発生は，上の方法でいずれか一方の着目リンク（リンク12あるいはリンク46）からだけでも故障発生となれば，故障状態として扱うことになる．

　この方法をすべてのリンクについて実施するとなると，かなり面倒な計算操作となるし，また条件付き故障発生確率を事前決定しておくことは，きわめて困難な作業である．したがって，実務的観点からは，特に必要性があるときは別にして，故障発生の相関性の高いリンク集合を一つのグループとしてまとめる方法が勧められる．

〔6〕 **ラベリング法**

　ネットワーク連結性を判定するには，**ラベリング法**を用いて行える．あるノードから特定のノードまで到達可能であるとき，ラベル付けが可能であるという．ネットワークにおける特定OD間の連結性は，起点ノードOから終点ノードDまで，経由するリンクを順次到達可能かどうか，すなわちラベル付け可能かどうか，を判定することによって行える．

　ラベリング法において，つぎの記号を用いることにする．

[m, n, A, B]

ここで，mはリンク発側ノード，nはリンク着側ノード，Aは着側ノードnにすでにラベルが付けられているかどうか（経由ルートは問わない）を表す記号である。すでに着側ノードnにラベル付けされているとき（到達可能となっている）はL，そうでないとき（到達可能となっていない）はULと表示する。Bは発側ノードmから着側ノードnに新たにラベルが付けられるかどうか（到達可能性）の記号である。AがすでにLのとき，BはLと表示し，着側ノードnへの改めてのラベル付けは行わない。すなわち，すでに到達可能となっているので，ラベリング探索は不要である。AがULのときは，発側ノードmから着側ノードnにラベル付け可能かどうか（到達可能性）を調べる。発側ノードmから着側ノードnに到達可能であるときL，到達不能であるときULと表示する。この記号において，ノードmとノードnはリンクの発側ノードと着側ノードとしているが，これは到達可能性を調べるために便宜的に方向性を導入したもので，有向ネットワークに限定した適用を意味しているのではなく，無向ネットワークにおいても適用できるものである。ここで，リンクが方向付けされているときを有向ネットワーク，リンクが方向付けされていないときを無向ネットワークという。要するに，この探索アルゴリズムは，起点ノードから終点ノードに到達する経路をできるだけ少ない経由リンク数で見出す方法となっており，経路が出現しない場合は非連結と判定される。

このラベリング法において，起点ノードOから終点ノードDまで途中ノードを順次経由して到達可能であれば，このOD間はネットワーク連結されていることになる。ネットワークが連結とならない場合，起点ノードからラベルが付けられる（到達可能である）ノード集合とラベルが付けられない（到達不能である）ノード集合に分割される。この二つのノード集合を切断するリンク集合を**カットセット**といい，このカットセットが障害発生時における交通ネットワークの脆弱断面となる。

ラベリング法の具体的な計算方法を上の図5.18，および図5.19を例にして説明する。**図5.20**はネットワークが連結である場合で，図5.18に対応するラ

5.4 連結信頼性　　119

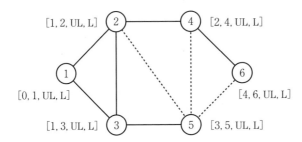

図 5.20　ネットワークが連結のときのラベリング計算

ベリング法の計算例である。起点であるノード1においては，無条件にラベルが付けられるとして，[0, 1, UL, L] と表す。この表記は後続のラベリング記号と合わせるための便宜的なものである。すなわち，仮想ノード0からノード1にはまだラベル付けがなされていない（UL）として，ノード1に新たにラベル付け（L）がなされる。

つぎに，ノード2へのラベリンクを行う。ノード1からノード2へはまだラベル付けが探索されておらず（A=UL），またリンクが連結されているので到達可能であり，ラベルが付けられる（B=L）ことになる。したがって，ノード2のラベリング記号は [1, 2, UL, L] と表記される。

続いて，ノード1からノード3へのラベル付けを行う。上と同様にして，ノード3のラベリング記号は [1, 3, UL, L] となる。これでノード1からすべての隣接ノードへのラベリングが終了したので，つぎにノード2をリンク発側ノードとするラベリングに移る。

ノード2からノード3へのラベリングであるが，ノード3にはすでにラベル付けがなされているので，新たなラベリングは行わない。ノード3をリンク発側ノードとして，ノード2へのラベリングにおいてもすでにノード2へのラベル付けがなされているので，ラベリングする必要がない。

このように起点ノード1から順次隣接ノードへのラベリングを行い，終点ノード6まで続ける。この例ではノード1からノード6までのラベリングが可能なので，到達可能であることを表しており，連結状態となっている。つまり，ラベリング法は起点ノードから終点ノードまでの経路探索であり，経路は

120　　5. 交通ネットワーク信頼性

終点ノードからラベル付けされたリンク発側ノードを順次逆に辿ることによって知ることができる。

この例では，終点ノード6のラベルはノード4から，ノード4のラベルはノード2から，ノード2のラベルはノード1からなされているので，ノード1からノード6には，経路はリンク12，リンク24，リンク46を経由して連結されていることがわかる。

ネットワークが非連結となる図5.19に対応するラベリング法の計算例を**図5.21**に示す。図5.20の例と同様にして，ノード2とノード3にラベルが付けられる。ノード2からノード4へはリンク24が故障しており，到達不能なのでラベルが付けられない。したがって，[2, 4, UL, UL]となる。ノード2からノード5へは到達可能なので，ノード5にはラベルが付けられ，[2, 5, UL, L]となる。ノード5からノード6へは，リンクが故障しているのでラベル付けが不能であり，[5, 6, UL, UL]となる。またノード5からノード4へは，リンク45が故障しているのでラベル付けできないので，[5, 4, UL, UL]となる。

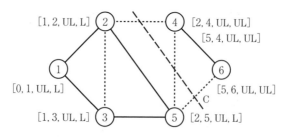

図5.21　ネットワークが非連結のときの
　　　　ラベリング計算

この状態に至ると，ラベルが付けられるノード（到達可能なノード）集合と，ラベルが付けられないノード（到達不能なノード）集合に分離される。この例では，前者のノード集合は{1, 2, 3, 5}であり，後者のノード集合は{4, 6}である。そして，この二つのノード集合を切断する集合{リンク24, リンク45, リンク56}から構成されるカットセットCが出現する。カットセッ

トを構成するリンクは，いずれも発側ノードはラベル付け可能（B=L），着側ノードはラベル付け不能（B=UL）となっているので，このようなリンク集合を探索することによって，カットセットを抽出することができる。このカットセットが障害時のネットワーク脆弱断面となる。

ところが，シミュレーションとラベリング法の組合せによる脆弱断面の探索にはつぎのような問題点がある。

第一は，図 5.22 に示すような孤立ノードが出現するケースがあることである。リンク 35，リンク 25，リンク 45，リンク 56 が同時に故障するため，脆弱断面 C によりノード 5 が孤立した状態となる。OD 交通 16 の発生ノード 1 から終着ノード 6 には到達可能であるが，ノード 5 には到達できないことになる。つまり，OD 交通 16 の移動に支障はないが，ノード 5 に向かうすべての OD 交通は移動不能となる。連結信頼性（あるいは非連結性）は各 OD 交通に対して行われるので，孤立ノードが出現する場合は，別の OD 交通の非連結断面，すなわち脆弱断面として取り扱わねばならないことになる。

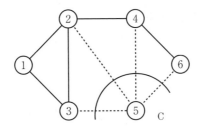

図 5.22　孤立ノードが出現する例

第二は，ラベリング法で単純に非連結断面を探索すると，OD 交通の発生ノードに最も近い断面だけが抽出されることである。例えば，図 5.23 に示すように，リンク 12，リンク 13，リンク 24，リンク 45，リンク 46，リンク 56 が同時に故障する場合，ラベリング法では，非連結断面 C_1 のみしか抽出されない。なぜなら，ラベリング法は発生ノードから終着ノードに向かって計算されるからである。したがって，非連結断面 C_2 と C_3 が抽出されるように，最初の非連結断面が出現するとその終着側ノードから改めてラベリング法を続ける

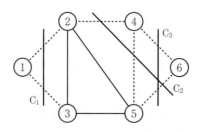

図 5.23 複数の非連結断面が出現する例

ことが必要である。この例では，非連結断面 C_1 ではノード 2 とノード 3 から，非連結断面 C_2 ではノード 4 から，ラベリング操作を継続しなければならない。非連結断面 C_3 は，ノード 5 からノード 6 にラベル付けされないことがすでに判明しているので新たに抽出される。

第三の問題点は，シミュレーションにおけるラベリング法で探索された非連結断面の出現回数でその出現確率が求められるが，シミュレーションの試行回数によっては真値からの誤差が大きくなり，脆弱断面の序列が正しいとは限らないことである。シミュレーションで非連結断面の正確な出現確率を求めるには膨大な計算回数が必要であるが，シミュレーションの利点は非連結断面を容易に抽出できることであり，ある程度の計算回数で脆弱性の高い非連結断面を複数個決定することができる。シミュレーションにおいて大事なことは，非連結断面の出現確率の順序決定ではなく，高位の脆弱断面を複数個選定することである。複数の脆弱断面が選定されるとそれぞれの出現確率，すなわち非連結信頼度は次式で厳密計算することができる。この計算は，非連結断面がカットセットになっているので，式 (5.16) を非連結信頼性に変形した次式で行える。

$$F = E[1 - \beta_C(\mathbf{x})] = E\left[\prod_{a \in C}(1 - x_a)\right] \tag{5.25}$$

上記の方法を盛岡市と釜石市間の道路ネットワークに適用し，第 10 位までの脆弱断面をシミュレーションで抽出し，各脆弱断面の非連結確率を厳密計算して，両者の順位を比較してみた。その結果，シミュレーションでの順位が 7 位と 8 位の脆弱断面がそれぞれ 3 位と 5 位に変更されることが判明した[35]。シ

ミュレーションの試行回数を増大することによって，各脆弱断面の非連結確率を厳密計算値に近づけることは可能であるが，あまりに多数の試行回数を行うことは無駄である．シミュレーションと厳密計算による順位の相違は重大な問題ではなく，非連結確率が大きい複数の脆弱断面が抽出されることに，この方法の価値がある．したがって，本方法の適用においては，まずシミュレーションで10個程度の脆弱断面を抽出し，つぎに抽出断面に対して厳密計算で脆弱順位を決める，2段階での解析が実用的である．

シミュレーションを用いたネットワーク信頼性の計算方法は，あたかも障害がランダムに生起する現象を再現しているのと似ており，具体的イメージと結び付いて理解がしやすい．しかし，ここで提示したのは基本的な方法であり，改良発展すべき点は多い．例えば，ネットワーク非連結度の精度を高めるための効率的計算方法，最短経路を考慮する方法，複数のカットセットで脆弱断面が同時出現する場合の対処方法など，が挙げられる．今後はこのような点を改良して，さらに現実的なモデルに発展することを期したい．

5.5 所要時間信頼性

5.5.1 定　　義

交通ネットワークにおける**所要時間信頼性**は，「所定の所要時間以内で目的地に到達できる確率」と定義される．しかし，連結信頼性と違うのは，各リンクあるいは経路に対して信頼性が推定されることが基本となっていることである．また，所要時間信頼性は平常時の交通現象変動に対応した所要時間安定性の指標であり，災害や大事故などの突発事象が発生したときの特異な交通現象は除外するのが妥当である．

所要時間信頼性を分析するには，所要時間の分布形状，正確にいえば**所要時間確率密度分布**を知ることが必要である．所要時間の観測データを蓄積することにより，所要時間分布形状を求めることができるが，交通ネットワーク規模が大きくなると，対象経路が多数となるため，それらをすべて観測することは

実際には困難である。したがって，リンクあるいは経路ごとに観測された**所要時間分布**を結合して，特定経路の未知所要時間分布を求める方法や，観測リンクの所要時間分布から非観測リンクの所要時間分布を推定する方法を考究しなければならない。

5.5.2 分析方法

リンク i における走行所要時間 t_i の分布形が，観測データから**図 5.24** のような正規分布になるとすれば，$t_i \approx N(\mu_i, \sigma_i^2)$ のように表示できる。ここに，μ_i はリンク i の平均所要時間，σ_i^2 はリンク i の所要時間の分散である。

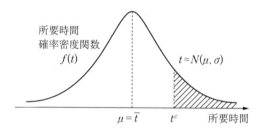

図 5.24 リンクの所要時間分布

この正規分布の確率密度関数は式 (5.26) で表される。

$$f(t_i) = \frac{1}{\sqrt{2\pi}\sigma_i} \exp\left[-\frac{1}{2}\left(\frac{t_i - \mu_i}{\sigma_i}\right)^2\right] \tag{5.26}$$

リンクの所要時間信頼性は，この確率密度関数に対する所定の閾値以下の面積で与えられるので，所要時間信頼性の閾値を t_i^* とすると，次式で示す値となる。

$$P_r\{t_i \leq t_i^*\} = \frac{1}{\sqrt{2\pi}\sigma_i} \int_{-\infty}^{t_i^*} \exp\left[-\frac{1}{2}\left(\frac{t_i - \mu_i}{\sigma_i}\right)^2\right] \tag{5.27}$$

この閾値 t_i^* を交通量がリンク容量に達したときの所要時間 t_i^c で与えるとすると，上式は渋滞に遭遇することなく円滑走行できる最大所要時間信頼性となる。なお，連結信頼性のリンク信頼度についても，このようなリンク所要時間分布を利用して与えることもできる。

5.5 所要時間信頼性

リンク所要時間分布が正規分布に従うことについては，データ蓄積による今後の検証が必要であるが，正規分布で近似できるとなると，所要時間信頼性の分析にはきわめて都合がよい．なぜなら，正規分布の和は正規分布となる**正規分布の再生性**の性質を有するからである．この性質を用いると，経路の所要時間分布（密度関数）はリンクの所要時間分布からつぎのように推定できる．

$$T_s \approx N\left(\sum_{i \in P_s} \mu_i, \sum_{i \in P_s} \sigma_i^2\right) \tag{5.28}$$

$$T_s = \sum_{i \in P_s} t_i \tag{5.29}$$

ここで，T_s は s 番目経路の所要時間，P_s は s 番目経路である．二つのリンクからなる経路の所要時間分布を推定する例を示したのが**図 5.25** である．それぞれのリンクにおける所要時間分布が正規分布であるとすると，経路の所要時間分布はその和で与えられる．

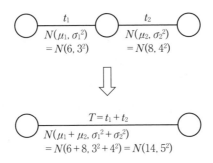

図 5.25 リンク所要時間分布から経路所要時間分布の推定

これより，経路の所要時間信頼性は，次式で示される確率分布関数における閾値 T^* 以下の面積で与えられる．

$$P_r(T_s \leq T_s^*) = \Phi\left\{ \left(T_s^* - \sum_{i \in P_s} \mu_i\right) \Big/ \sqrt{\sum_{i \in P_s} \sigma_i^2} \right\} \tag{5.30}$$

ここで，$\Phi\{\bullet\}$ は確率分布関数である．したがって，図 5.25 の例に対して，閾値を 10 分，14 分，18 分とすると，それぞれの閾値以下の時間で目的地に到達できる確率は以下のようになる．

$$P_r(T \leq 10) = \Phi\left[\{10-(6+8)\}/\sqrt{5^2}\right]$$
$$= \Phi(-4/5)$$
$$= 0.2119$$
$$P_r(T \leq 14) = 0.5000$$
$$P_r(T \leq 18) = 0.7881$$

目的地に10分以内で到着できるのは約20％の確率，すなわち10回に2回程度は実現できる結果となっている．また，14分以内で到着できる確率は50％であり，2回に1回は実現できる．18分以内となると，約80％の確率となっており，ほとんどのトリップはこの所要時間があれば到着できることを示している．

この例は，リンク所要時間分布を結合して経路所要時間分布を推定したものであるが，この方法を用いると，経路ごとに観測されたリンク所要時間分布から，別経路の所要時間分布が推定できる．例えば，**図5.26**の例で示すように，交叉する系統1と系統2の各区間におけるバス運行の所要時間分布が，プローブカーデータにより得られているとする．これら二つの系統における各リンクの所要時間分布を用いて，経路1および経路2の所要時間分布を上と同様の方法で推定することができる[36]．

交通ネットワークにおけるすべてのリンクの所要時間分布データが観測され

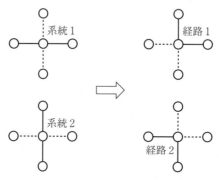

図5.26 リンク結合による所要時間分布推定

ていれば，どのような経路の所要時間分布もこの方法で推定することができるが，実際には一部リンクの所要時間分布データしかないことが多い．今後はOD 交通量逆推定モデルを用いた交通ネットワーク流動モニタリングシステムにより未観測リンクの所要時間分布を求められるようになるであろう．

5.5.3 便益評価の方法

所要時間信頼性を適用することで，交通量変動を考慮した新しい視点から，道路整備や交通管理の対策効果を評価することができる．具体的にいえば，これまでの所要時間に関する便益評価は平均所要時間短縮が主であったが，所要時間分布を用いると，渋滞時間損失減少，遅刻回避安全余裕時間減少，早着・遅刻損失減少が推定できる．以下に順を追って説明する．

〔1〕 平均所要時間の短縮

道路がボトルネック解消のために拡幅整備がなされたとすると，事前事後の所要時間分布は一般的に図 5.27 に示すようになる．ここで，$f_B(t)$ と $f_A(t)$，$\bar{t}_B$ と $\bar{t}_A$，t_B^c と t_A^c はそれぞれ整備前と整備後の所要時間確率密度分布，平均所要時間，容量上限時の所要時間である．図からわかるように，整備後は所要時間分布が左側に移動し，所要時間の変動幅も縮小して，所要時間信頼性が向上している．所要時間分布が左側に移動するということは，道路整備による交通流改善により，所要時間が短縮されることを示している．その代表値が平均所要時間であり，目的地までの平均所要時間が $\bar{t}_B$ から $\bar{t}_A$ に短縮されている．道路整備に対するこれまでの所要時間便益評価は，この平均所要時間短縮のみに基

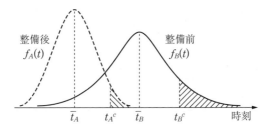

図 5.27　道路の整備前後の所要時間分布

づいて行われている。

道路の整備前後で平均利用交通量が変化しないとすると，整備便益は平均所要時間短縮量に平均利用交通量を乗じて評価される。

$$S = \overline{v}(\overline{t}_B - \overline{t}_A) \tag{5.31}$$

ここで，$\overline{v}$ は平均利用交通量である。

〔2〕 渋滞走行時間の減少効果

渋滞減少効果による便益は，図5.27の所要時間分布を用いて評価できる。道路整備の事前と事後のいずれの場合も，t_B^c と t_A^c を越えたとき，渋滞状態の所要時間となる。したがって，道路整備による**渋滞時間損失減少の効果**は，次式で求められる。第1項は整備前の総渋滞走行時間，第2項は整備後の総渋滞走行時間である。

$$L = \int_{t_B^c}^{\infty} v_B(t_B) t_B f_B(t_B) dt - \int_{t_A^c}^{\infty} v_A(t_A) t_A f_A(t_A) dt \tag{5.32}$$

ここに，t_B と t_A はそれぞれ事前と事後の走行時間であり，$v_B(t_B)$ と $v_A(t_A)$ はそれぞれの走行時間に対応する交通量を表している。整備後は所要時間信頼性が向上するので，整備後は整備前に比べて総渋滞走行時間は小さくなり，L の値は正となる。

ところで，交通量と所要時間の関係は**図5.28**のようになっている。交通流の円滑状態では点線で示すように，交通量の増大とともに所要時間も増大する

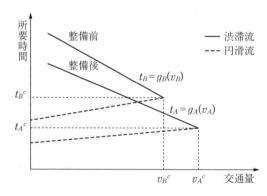

図5.28 渋滞走行領域における交通量と所要時間の関係

が，渋滞状態では実線で示すように，交通量の減少とともに所要時間は増大する。ただし，v_B^c と v_A^c はそれぞれ事前と事後における最大容量の交通量である。そこで，渋滞状態における所要時間と交通量の関係を，整備前と整備後のそれぞれに対して次式のように記述することにする。

$$\left. \begin{array}{l} t_B = g_B(v_B) \\ t_A = g_A(v_A) \end{array} \right\} \tag{5.33}$$

これより

$$\left. \begin{array}{l} v_B(t_B) = g_B^{-1}(t_B) \\ v_A(t_A) = g_A^{-1}(t_A) \end{array} \right\} \tag{5.34}$$

このようにして交通量を所要時間の逆関数で記述すると，式 (5.32) は，次式のように走行時間 t のみの関数となる。したがって，道路整備による渋滞減少時間は，積分計算によって求めることができる。

$$L = \int_{t_B^c}^{\infty} g_B^{-1}(t_B) t_B f_B(t_B) dt - \int_{t_A^c}^{\infty} g_A^{-1}(t_A) t_A f_A(t_A) dt \tag{5.35}$$

〔3〕 **安全余裕時間の減少効果**

目的地までの経路所要時間分布が既知であれば，遅刻リスクを考慮した出発時間を決定することができる[26), 37)～39)]。経路所要時間分布は図 5.29 のように与えられるが，その位置は出発時刻 t^s によって変化する。例えば，出発時刻が早くなると所要時間分布は時間軸上で左に移動するし，出発時刻が遅くなると右に移動する。到着時刻 t^d が制約条件として決められていると，この時刻以

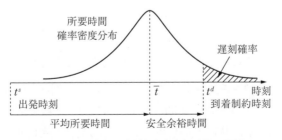

図 5.29 到着制約時刻と安全余裕時間の関係

後の到着は遅刻となり，リスクを負うことになる．遅刻する確率は，所要時間分布における到着制約時刻以後の面積で得られる．

出発時刻 t^s を遅くすれば，すなわち所要時間分布を右に移動すれば，**遅刻確率**が大きくなる．逆に出発時刻を早めれば，所要時間分布が左に寄るので，遅刻確率が小さくなる．したがって，利用者が遅刻確率5％で目的地に到着したい場合，所要時間分布における到着時刻制約を超える面積が5％となるように出発時刻を選択決定すればよい．この時刻以前に出発すれば，目的地への遅刻確率は5％以下に抑えられることになる．

一方，経路所要時間分布には平均値 $\bar{t}$ が存在している．特定の経路を使用してある目的地へトリップするとき，渋滞がなければ，その平均所要時間に基づいて出発時刻を判断することが一般的に行われる．しかし，平均所要時間で出発時刻を決めると，すなわち $t^d = t^s + \bar{t}$ となるように出発時刻を選択すると，所要時間分布が正規分布に従うとすれば，目的地に遅刻せずに到着できる確率は50％となってしまう．経路所要時間は交通量変動により変化するため，平均所要時間は出発時刻を決めるための目安であり，実際には平均所要時間に基づいて出発時刻を決めているわけではない．日常の走行経験を通して過去に渋滞遅延に何度も遭遇していれば，遅刻ができる限り避けられるように，平均所要時間に余裕時間を付け加えて，出発時刻を選択決定するのが普通の交通行動となっている．遅刻を極力避けるための余分の時間は**安全余裕時間** m（セーフティマージンあるいはバッファタイム）といわれており，次式に示すように，出発時刻に平均所要時間を加えた時刻を到着制約時刻から差し引いた値となる．

$$m = t^d - (t^s + \bar{t}) \tag{5.36}$$

すでに述べたように，安全余裕時間は道路整備により縮小される．遅刻確率の許容値が同一であるとして出発時刻を選択したときの，道路整備の事前・事後における所要時間分布が**図 5.30** に示されている．道路整備がなされると，一般的には所要時間信頼性が向上するので，所要時間分布は分散型から集中型に変化する．安全余裕時間は所要時間の分散に依存するので，事後は事前に比

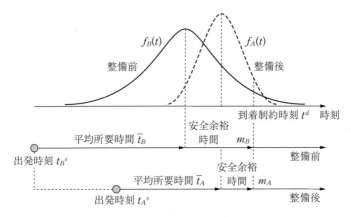

図5.30 道路整備前後の平均所要時間と安全余裕時間の変化

較して小さくなることになる.すなわち,安全余裕時間の短縮は次式で示される.ここで,添字の A と B はそれぞれ事後と事前を表している.

$$M = m_B - m_A > 0 \tag{5.37}$$

道路整備がなされると,安全余裕時間と平均所要時間の両方が短縮されるので,出発時刻は大幅に遅らせることができる.整備前と整備後の出発時刻はつぎのように与えられる.

整備前　$t_B^s = t^d - m_B - \bar{t}_B$

整備後　$t_A^s = t^d - m_A - \bar{t}_A$

したがって,出発時刻の差による短縮時間は次式で示される.

$$D = t_A^s - t_B^s \tag{5.38}$$

道路整備評価におけるこれまでの時間便益は所要時間短縮のみが考慮されてきたが,安全余裕時間短縮の効果も大きいことから,今後は評価対象に取り入れるべきであろう.平均所要時間短縮と安全余裕時間短縮のそれぞれを単独に便益評価することができるが,より合理的な便益評価をするには,両者を合算した**実効所要時間**の短縮効果で行うことが望ましい.なぜなら,それぞれの短縮時間は単独に得られるのではなく,所要時間分布における一体的な関係で決定されるからである.また,短縮時間の利用価値は合算値で考えるのが現実的であるからである.なお,安全余裕時間は,つぎの〔4〕で述べるように,**遅**

刻リスク損失の見積り方によっても変化するし，トリップ目的，あるいは時間価値によっても影響を受ける。

〔4〕 早着・遅刻損失の減少効果

目的地への到着時刻が決められているとき，到着が早過ぎても遅過ぎても損失が発生する。そこで，所要時間分布との関係を考慮して，**早着・遅刻時間損失費用**の総額を最小にするような最適出発時刻の選択決定方法を述べる[27]。単位時間当りの損失額は，遅刻のほうが早着よりは一般的に大きいので，**図5.31**に示すように，遅刻に対する損失関数の勾配は大きくなるであろう。

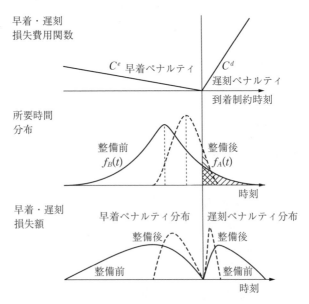

図5.31 整備後における早着・遅刻損失額と安全余裕時間の減少

到着制約時刻に対する**早着損失費用関数** C^e，および**遅刻損失費用関数** C^d が時間の大きさに比例すると仮定して，以下のように記述することにする。

$$C^e = \alpha(t^a - t^d), \quad t^a \leq t^d \tag{5.39}$$

$$C^d = \beta(t^a - t^d), \quad t^a > t^d \tag{5.40}$$

ここに，t^a は到着時刻，α と β は費用勾配である。ところで，整備前と整備後のそれぞれの所要時間分布である $f_B(t)$ と $f_A(t)$ は図5.31の中段に示すように

5.5 所要時間信頼性

なる。整備後の所要時間分布は信頼性が向上するため，整備前に比較して分布形状の広がりが狭くなっている。整備前の状態において，時刻 t^s に出発して目的地へ時刻 t^a（$=t^s+t$）に到着するときの早着・遅刻に対する損失額 $G_B(t^s)$ は，所要時間分布と早着・遅刻損失関数を用いて，次式のように求められる。

$$G_B(t^s) = \int_0^{t^d-t^s} \alpha\{t^d-(t^s+t)\}f_B(t)dt + \int_{t^d-t^s}^{\infty} \beta\{(t^s+t)-t^d\}f_B(t)dt \tag{5.41}$$

同様にして，整備後の早着・遅刻に対する損失額 $G_A(t^s)$ は次式となる。

$$G_A(t^s) = \int_0^{t^d-t^s} \alpha\{t^d-(t^s+t)\}f_A(t)dt + \int_{t^d-t^s}^{\infty} \beta\{(t^s+t)-t^d\}f_A(t)dt \tag{5.42}$$

早着・遅刻による損失額が最小となるように出発時刻を決めるには，$G_B(t^s)$ と $G_A(t^s)$ をそれぞれ最小化すればよい。

$$\text{Min } G_B(t^s) = \overset{*}{G}_B(t^s) \tag{5.43}$$

$$\text{Min } G_A(t^s) = \overset{*}{G}_A(t^s) \tag{5.44}$$

このようにして求められた早着・遅刻に対する最小損失額のイメージが図5.31における最下段の曲線内部の面積で示される。この計算方法を図形的に説明すると，最上段の関数を中段の所要時間分布に乗算することにより，最下段の損失額分布が得られるので，損失分布の面積が最小となるように，所要時間分布を左右に移動させて，出発時刻を決定すればよいことを示している。

したがって，整備前後の早着・遅刻による損失額の減少は以下の値となる。

$$G = \overset{*}{G}_B(t^s) - \overset{*}{G}_A(t^s) \tag{5.45}$$

図5.31のイメージからわかるように，整備後は所要時間の信頼性が向上して分布形状の広がりが狭まるので，早着・遅刻による損失を最小化する出発時刻を選択することにより，早着・遅刻の損失額も減少するとともに，安全余裕時間の減少がはかれる。

早着および遅刻に関する損失関数の勾配，すなわち早着および遅刻に対する時間価値は利用者によって異なってくるので，この方法を実際に適用する際に

は，利用者を層別に分類して評価することが必要であろう．利用者層別に式 (5.45) を表すと以下のように示せる．

$$G^h = \overset{*}{G}{}_B^h(t^s) - \overset{*}{G}{}_A^h(t^s) \tag{5.46}$$

ここに，h は利用者層を表す．同様に，安全余裕時間についても利用者層別に表すことにする．

$$M^h = m_B^h - m_A^h \tag{5.47}$$

このようにして，所要時間分布を用いて走行時間減少，渋滞走行時間減少，安全余裕時間減少，早着・遅刻損失減少が推定できるので，整備前後の総便益は以下のように算出できる．

$$TB = S + L + \sum_h v^h M^h + \sum_h v^h G^h \tag{5.48}$$

あるいは，平均所要時間と安全余裕時間の合算値の短縮効果で評価する場合は，式 (5.38) を用いて，つぎのように表すことができる．

$$TB = L + \sum_h v^h D^h + \sum_h v^h G^h \tag{5.49}$$

ここで，L に対しては心理的負担係数 γ を乗じるのが現実的であり，また，G^h においては層別のペナルティ費用勾配を α^h と β^h と記述する．

道路整備に対する時間便益は，いまのところ走行時間短縮に基づいて評価されている[34]．しかし，この走行時間短縮は平均値としての値であり，交通現象変動による渋滞損失は明示的には考慮されていない．実際の道路交通状況においては，交通現象変動に伴う渋滞が頻繁に発生しており，利用者の心理的苦痛の重さを考えると，渋滞損失は独立して評価すべきであろう．交通現象変動を考慮すると，渋滞の他にも，遅刻リスクを小さくするための安全余裕時間の減少や，早着・遅刻による損失ペナルティの減少効果が便益として評価できる．それゆえ，従来の走行時間短縮便益のみによる道路整備効果は過少評価されているのである．道路整備効果は交通サービスの本来機能である走行時間安定性に基づいて分析評価すべきであり，このことによって道路サービス向上の恩恵が従来評価以上に大きいものであることを社会にアピールすることができよう．

なお，正確にいえば，時間短縮便益を金額表示するには，時間価値係数を乗じなければならないが，ここでは省略している．

5.6 本章のまとめ

つねに変動する交通現象に対して可能な限り安定した交通サービスを提供することは，これからの交通計画の使命である．このことを実現するには交通ネットワークにおける連結信頼性と時間信頼性の考え方が有用である．連結信頼性分析では，リンク機能停止の生起を災害や事故などによる損傷確率で与えるか，あるいはリンク渋滞の発生確率で与えることができる．前者は異常事象に対する交通ネットワークの頑健化計画として，後者は日常の渋滞軽減のための交通ネットワーク増強計画として適用される．時間信頼性分析では，リンクごとの走行時間分布が必要であるが，このデータ収集は膨大な作業となるため，実際適用におけるこれまでの課題となっていた．しかし，総合交通ネットワーク流動のモニタリングシステムは各リンク交通量と走行時間の変動を随時観測できるため，時間信頼性分析のデータ収集を容易にできるようになる．また，モニタリングシステムはリンク渋滞の発生確率も観測できるので，連結信頼性のデータ収集にも利用できる．

連結信頼性の利点は，交通ネットワークの脆弱断面を抽出できることであり，これによりネットワークの頑健化計画が具体的に実施できるようになる．課題は災害によるリンク故障確率の与え方であるが，防災工学のこれからの研究発展を待つところが大きい．時間信頼性は，個人トリップや集配送運行の最適行動計画，および交通ネットワーク整備の効果評価に利用できることから，交通計画の新展開といえるものであり，実務に向けてのさらなる研究進展を期待したい．

総合交通ネットワーク流動のモニタリングシステム

6.1 要　　　旨

　これまで，道路交通センサスで道路ネットワーク交通量，パーソントリップ調査や大都市交通センサスでバスおよび鉄道のネットワーク交通流動が推定分析されてきた。しかし，これらはアンケート調査をベースにした段階推定法を用いているため，多大の費用と労力を要するとともに，収集データの質にも問題があり，推定精度が必ずしも確保されているとはいえない面があった。また，特定の一時点の調査であるため，交通現象変動の実態分析に対応することが困難であった。最近は ICT 技術の進歩により，従来は困難であった交通移動データが高精度で詳細に収集できるようになっている。今後は，ICT によるプローブカーデータ，携帯電話移動データ（スマホデータ），IC カードデータを活用した交通流動調査法に転換していくことが望まれる。

　ICT データを利用することにより高質の事前データが作成できるので，リンク交通量型とゾーン集中交通量型の OD 交通量逆推定モデルを用いて，カートリップおよびパーソントリップを高精度で推定することができるようになる。基本的には，カートリップの推定にはリンク交通量型，パーソントリップの推定にはゾーン集中交通量型の逆推定モデルが適している。しかし，状況に対応して，これとは逆の適用をすることも，もちろん可能である。注目すべきことは，リンク交通量型の OD 交通量逆推定モデルでは，OD 別経路交通量も同時

に高精度で推定できることである．一方，ゾーン集中交通量型の OD 交通量逆推定モデルでは，道路，鉄道，バスなどの経路交通量は，別の方法で推定する必要がある．しかし，交通手段選択（**モーダルスプリット**）や経路選択の分析についても近年 ICT を利用した先進的手法が進展しつつあるので，これらの方法を利用することができる．もう一つの大きな特長は，両タイプの逆推定モデルはともに，時間帯ごとの交通ネットワーク流動が推定分析できることであり，従来にはなかった画期的な手法といえる．

このような特長を有するリンク交通量型とゾーン集中交通量型の逆推定モデルを用いることにより，道路，鉄道，バスを統合した交通ネットワーク流動を時間帯別に高精度で推定できるモニタリングシステムの構築が可能となる．総合交通ネットワークのモニタリングシステムが実現すれば，交通計画における実用面と学術面での価値はきわめて大きく，つぎのようなものが考えられる．

実用面：
- 交通マネージメントの高度化
- 交通計画事業の評価システム
- 公共交通システムのサービス改善
- ネットワーク信頼性に基づく交通計画
- 交通センサスおよびパーソントリップ調査の先進化
- 土地空間情報との結合による都市計画への適用
- 交通ネットワークシミュレーションのインプットデータの精緻化

学術面：
- 交通需要変動の要因分析と予測モデルの開発
- 交通量配分理論の現実的発展
- 時間短縮による便益効果の新思考

これらの実用的および学術的な価値については後述するが，交通計画における新しい多くの課題にアプローチすることができるようになる．

6.2 総合交通ネットワーク流動のモニタリングシステムの構築

交通ネットワーク流動のモニタリングシステムについて，その枠組みを示したのが**図 6.1** である．これまでは ICT データを利用することが困難だったので，既存の交通センサスデータから OD 交通量逆推定モデルの事前データを作成せざるを得なかった．しかし，ICT データが利用できるようになれば，**ネットワーク交通流動分析**は既述の逆推定モデルを適用することで抜本的に変革できることになる．

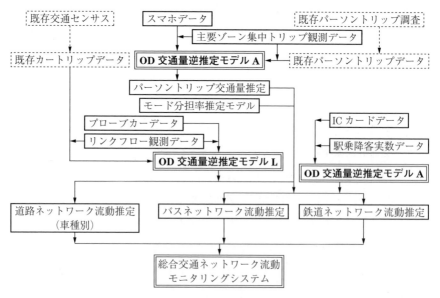

図 6.1 総合交通ネットワーク流動のモニタリングシステムの枠組み

カートリップの交通ネットワーク流動推定から説明する．ICT データが利用できない場合，既存の道路交通センサスからカートリップの OD 交通量データが得られるので，このデータに基づいて**事前データ**としての発生ゾーン別目的地選択確率とゾーン発生交通量比率が作成できる．そして，OD 別リンク利用確率については，便宜的に既存の交通量配分を用いて推定する．これらの事前

6.2 総合交通ネットワーク流動のモニタリングシステムの構築

データをリンク交通量型逆推定モデル L に投入し，リンク交通量の推定値が観測値に近接するように計算することで，カートリップの OD 交通量と OD 別経路交通量が推定できる．

しかし，ICT データであるプローブカーデータが利用可能となれば，事前データがすべて現実値で作成できるようになる．3 章で説明したように，ネットワーク上のいくつかのスポットにおいてプローブカーデータから OD 別スポット収集交通量と平均リンク走行時間をデータ収集できる．そして，ダイアル法の配分パラメータ値の調整により，サンプル OD 交通量と OD 別スポット通過確率（OD 別リンク利用確率）が推定できる．サンプル OD 交通量が推定されると，事前データである発生ゾーン別目的地選択確率とゾーン発生交通量比率が作成できる．このようにして作成された事前データに基づいて，リンク交通量型逆推定モデル L を用いて，観測リンク交通量に適合する高精度のカートリップの OD 交通量と OD 別経路交通量が実数推定される．

一方，パーソントリップの交通ネットワーク流動の推定についても，ICT データが利用できない場合は，既存のパーソントリップ調査データを使用することになる．事前データはこの既存データから作成し，ゾーン集中交通量型逆推定モデル A を用いて，パーソントリップ OD 交通量を推定する．逆推定モデル A では，事前データとしての経路選択データは不要である．それゆえ，事前データは，OD 別リンク利用確率を除外して，リンク交通量型逆推定モデル L と同じで，発生ゾーン別目的地選択確率とゾーン発生交通量比率である．逆推定モデル A では，主要ゾーンにおける集中交通量の推定値と観測値が近接するように推定される．逆推定モデル A でパーソントリップの OD 交通量が推定されると，交通機関別のネットワーク流動はモード分担率推定モデルを適用することによって，道路，鉄道，バスのネットワーク交通流動が推定される．

パーソントリップの場合，携帯電話移動データ（スマホデータ）を使用できれば，事前データがすべて現実値で作成されるので，逆推定モデル A で高精度のパーソントリップ OD 交通量が推定できる．また，モード分担率推定にお

いても，最近は ICT データを利用して，高精度で利用モードを判別できる方法が進展しつつある。

ICT データとしては，**IC カードデータ**も利用できる。このデータは公共交通機関の OD 交通量推定に適している。駅間 OD 交通量のサンプルデータは利用者の IC カードから収集できる。これより**乗車駅別降車駅選択確率**（発生ゾーン別目的地選択確率と同じ）と**乗車駅別乗客数比率**（ゾーン発生交通量比率と同じ）が作成できるので，主要駅の駅降客数を観測することで，逆推定モデル A から駅間利用の実数 OD 交通量が推定できる。

上では既存の交通センサスデータやパーソントリップデータを用いる方法を説明したが，いまのところプローブカーデータやスマホデータなどの ICT データは，個人情報保護制約のため利用が容易でなく，やむを得ない暫定的な手法である。ところが，この方法をモニタリングシステムの推定法として用いるには問題がある。なぜなら，既存の OD 交通量データから作成される事前データは，リンク交通量あるいはゾーン集中交通量の観測時点が移っても固定化されたままだからである。また，時間帯別の交通ネットワーク流動推定に対しても，その事前データの作成が困難なことである。図 6.1 において既存の交通量データを利用する部分が点線となっているのは，このことを意味しており，ICT データが利用されるようになれば不要となることを表している。

実際における OD 交通量や経路選択率の事前データは時点推移とともに変化するため，観測時点ごとに更新することが必要である。ICT データを利用することができれば，観測時点ごとに更新された事前データを作成できるので，つねに流動変化に対応した形で推定できる。特に，ICT データではトリップ発生時刻を識別できるので，観測時点ごとに時間帯別の OD 交通量と OD 別経路交通量を更新推定することができる。モニタリングシステムの構築において ICT データの利用は不可欠であり，このことによって現実の交通流動実態を必要に応じて随時計測が可能となる。このようにして道路，鉄道，バスを包含した総合交通ネットワークの交通流動モニタリングシステムが実現できる。

6.3 モニタリングシステムの実用的価値

6.3.1 交通マネージメントの高度化

　モニタリングシステムでは交通機関ごとのゾーン発生・集中交通量，OD交通量，OD別経路交通量の変動に加えて，経路移動時間の変動をつねに観測できるので，交通マネージメントにおける有用なデータ蓄積ができることになる．曜日別や月別の交通変動は時間帯をベースとするデータ分析が望ましい．なぜなら，時間経過に伴って変化する交通状況をマネージメントするには，時間帯の交通流動を考慮するのが現実的かつ効果的だからである．時間帯をベースとする交通データのおもな分析項目としては，ゾーン別発生・集中交通量，OD交通量，OD別経路交通量，経路走行時間（交通機関別），渋滞リンクの発生・解消時刻などが挙げられる．これらの交通データについてそれぞれの平均値や分散を分析することで，時間帯ごとの交通流動特性を解明することができるし，その交通流動特性を曜日間で比較してその相違を明確化できる．平常時においては時間帯別の交通流動は曜日によってかなり異なるが，似たような変化パターンが毎週繰り返されることが多い．モニタリングシステムでこのことが確認できれば，交通流動変化を曜日別時間帯別に定型化することにより，実効性の高い交通管理を実行することができる．

　交通流動は非日常的な事象に起因して大きな変化が起きる．具体的には，観光のハイシーズンや，イベントの開催，大規模な災害・事故，交通施設の維持改修工事などの場合である．これまで，非日常的な交通流動変化は，ほとんど観測されたことがないが，モニタリングシステムがあれば観測が可能となる．非日常交通のうち，観光シーズンやイベント開催に関係する交通現象は類似の需要変化が繰り返される傾向があるので，地域に特有の交通流動特性を明確にすることができる．このようなデータ分析を普段からしておけば，周期的な非日常変動に対する交通対策を効果的に行えるし，交通変動量が既知データとかなり異なる場合でも，その特性を考慮することにより，即応的な事前計画の調

整が行える。

　問題は一過性現象である大規模な災害や事故の発生，また，重度の交通規制が伴う維持改修工事である。この場合は，事象発生の場所はそのつど変化する。このため大事なことは，事象発生直後から時間経過に伴うネットワーク流動とトリップ行動の変化推移を経時的にデータ収集しておくことである。このことによって事象発生の影響による交通流動変化の過渡状態から安定状態への推移の状況や時間を知ることができるし，ネットワーク上の重要リンクと脆弱リンクを知ることもできる。これらは突発的な事象発生時の交通マネージメント策の基礎データとなるものであり，別の新たな事象発生に備えて活用することができよう。また，交通情報提供や交通規制誘導による過渡状態の改善効果を現実流動変化でデータ収集しておけば，今後の交通マネージメント方策の向上に役立てられる。

6.3.2　交通計画事業の評価システム

　近年は交通計画プロジェクトが完了すると，交通流動変化の事前事後分析が行われ，その効果評価をすることが必須となっている。しかし，交通流動のデータ収集には，人手による方法，検知器による方法，画像による方法など多数存在するが，その労力と費用は多大となる。そのため，データ収集の調査作業は，事業の実施箇所と周辺の代替ルート，あるいは密接な関連箇所などの一定範囲に限られることが多く，ネットワーク全体での流動変化が実測調査されることは少ない。事業評価は，その目的によっても方法が異なるが，例えば，新規道路建設に伴う走行時間の短縮便益を考えてみる。この場合，新規道路と代替道路の流動変化の調査だけでは，便益効果が限定された値となる。したがって，便益効果は交通ネットワーク全体での流動と走行時間の変化を計測することが必要である。モニタリングシステムがあれば，交通ネットワーク全体の交通流動が随時に，かつ容易に計測分析できるので，現実的で的確な便益評価が可能となる。また，従来のようなプロジェクトごとに行われる大掛かりなデータ収集作業が不要となるので，長期的に見れば労力と経費の大幅な節減が

見込めることもモニタリングシステムの大きな利点である。

　モニタリングシステムを用いると，新たな考え方での便益評価ができるようになる．モニタリングシステムで交通流動を常時観測できるので，走行時間を確率分布で表示することが可能となる．そうなれば，従来のような平均走行時間短縮のみによる便益評価ではなく，遅延回避のための余裕時間短縮も加えた便益評価ができることになる．渋滞が頻繁に発生する経路では円滑移動ができないことが多く，走行時間が長くなるとともに，その分散が大きくなるので，遅延をしないためには，余裕時間を多めに見込まねばならない．新規道路が建設されると経路の渋滞状況が改善されるので，交通移動が安定して走行時間が短くなり，その分散も縮小される．その結果，遅延回避のための余裕時間が少なくて済む．このことからわかるように，新設道路による走行便益は，単なる平均走行時間短縮だけでなく，遅延回避の余裕時間短縮も付加することが考えられる．要するに，従来の道路事業による走行便益は過少評価になっており，現実にはもっと大きな便益がもたらされているのである．

　京都市において四条通りを烏丸通りから河原町通りまで，4車線から2車線に縮小化する事業が世間の関心を集めた．市当局は「歩けるまちづくり」を推進しており，この事業の狙いは，狭小な歩行環境を改善して回遊性を高め，地域の活性化をはかることである．この施策の中には，乗用車の利用をできるだけ抑制し，公共交通への転換も意図されている．事業の工事を開始すると，まもなく四条通りの事業区間は極度の渋滞になり社会問題となった．しかしその後，広報活動や情報提供の効果，また利用者の学習効果もあって，渋滞状況はしだいに改善され，いまでは深刻な渋滞は減少している．

　この事業に関するネットワーク交通流動の事前事後比較や変化推移の詳細データは不明であるが，モニタリングシステムが構築されていれば，きわめて有用なツールとなっていたはずである．2車線化事業の影響による京都市域の内外にわたる交通ネットワークの交通流動変化が的確に計測分析できるので，事業効果の適正な評価が行える．道路については，事業区間および周辺道路から域外道路に至るまで道路網全体にわたって交通流変化が測定できるし，公共

交通についてもバスや鉄道それぞれのネットワークにおける流動変化を分析できる。このモニタリングデータから、交通流動変化がプラス効果、あるいはマイナス効果となる地点やルートを識別できるであろうし、公共交通への転換トリップ数も計測することができる。もし、流動変化による影響が地域に大きな問題を生じさせていれば、モニタリングデータを用いてその解決策を考究することができる。事業の主たる目的は地域を活性化することなので、その一つの評価指標としては、地域全体における回遊性を高め、トリップ移動量が増大することである。モニタリングシステムがあれば、この効果も的確に評価することができる。

6.3.3　公共交通システムのサービス改善

　公共交通の利用で不満が多いのは乗り換えに要する時間損失である。この乗り換え時間をいかに短縮するかが公共交通サービス改善の重要な課題となっている。交通機関相互や路線間での乗り換えが円滑に連続移動できるようになれば、交通抵抗が軽減されて公共交通の利用者増大が見込める。高齢化社会や環境保全、エネルギー資源節約の面から、都市交通システムにおける公共交通の役割は、今後一段と増大すると考えられることから、公共交通サービスのシームレス化（円滑化）に対する社会的な要請が高まっている。公共交通サービスのシームレス化を実現するには、まず現状の実態調査をしなければならないが、ICTデータに基づいた交通流動モニタリングシステムを用いることで容易に実行できる。乗客流動調査を目的とする現行の**大都市交通センサス**では、乗り換えトリップを追跡できないが、ICTデータでは、トリップデータを連鎖的に収集できるので、乗り換えに伴う時間損失も計測可能である。このモニタリングデータから、OD別経路別トリップごとに交通移動時間に占める乗り換え時間損失の割合が計測できるので、サービスレベルで問題のある結節施設や経路を検出することができる。このとき、単なる時間損失だけでなく、あわせて交通量を乗じた総損失時間で評価することも大事である。なぜなら、利用トリップが少ないODや経路では、運行本数が少なく、待ち時間が大きくなるの

はある程度やむを得ない面があるからである．問題のあった施設や経路の改善がなされると，その便益である総損失時間減少をモニタリングシステムで計測評価できる．

　乗り換えについては，バスの料金体系も関連している．これからは，乗り換え料金についてもシームレス化を考慮すべきで，地下鉄は路線を乗り換えても新たな料金負担は発生しないが，バスでは路線ごとの料金体系となっており，乗り換え抵抗が大きい．不正乗車防止は駅構造のようなハード対応でなくても，いまやICカード利用によるソフト対応で判別可能な状況となっている．バスの乗り換えに新たな料金負担がなくなれば，利用者の移動時間を減少することができる．バス停で最初に来たバスを利用し，途中で便利のよいバス停で目的地への運行バスに乗り換えることができれば，トータル移動時間の大幅な減少が見込める．また，乗り換えが自由となれば，複雑な路線系統を単純化することができ，結果として総運行本数の削減が実現できよう．

　このようにしてネットワーク信頼性の観点から，路線網構成や乗り換え制度の変更によるバスサービスの改善策が検討できる．ネットワーク信頼性の考え方は，鉄道やその他の公共交通においても，特に乗り換えを必要とするサービスには同様な考え方が適用できる．鉄道は乗車時間の所要時間安定性は高いが，問題は別路線や他モードへの乗り換えるための待ち時間の長さと変動である．また，事故や災害などによる一部路線の運行中止が発生したときでも，サービス低下を極力避ける対応が必要である．乗り換え自由な交通システムでは，一部の路線が運行中止になっても，利用者は代替経路を容易に確保できる．これからは公共交通のサービス改善にもネットワーク信頼性の考え方を積極的に活用すべきであろう．バスの乗り換えフリー化に関しても，モニタリングシステムでバスネットワーク利用者の流動実態を継続的に計測評価して，問題があれば改善し，つねに運行サービス水準の向上に努めることが大事である．

　観光魅力度の高い都市では観光交通対策が主要な行政課題となっている．しかし，観光交通は流動変化が大きく，観光地区への来訪者数，回遊ルートやそ

の交通量などのデータは不明確である。観光交通の実数計測はきわめて困難であり、いまのところ観光拠点での調査に基づく概算推定のデータが大半と思われる。しかし、ICT データ活用のモニタリングシステムを用いることにより、きわめて正確な観光交通の流動推定ができるようになる。観光トリップの移動行動を連鎖的に追跡することによって、回遊ルートとその交通量実数を的確に計測分析できる。その回遊ルートにおける既存交通システムに問題があれば、新たな施設整備や運行ルート導入の検討が必要となる。

観光交通に伴うもう一つの問題は、地元住民の日常生活への弊害である。観光交通の増大による深刻な道路交通渋滞や公共交通混雑は、地元住民の日常生活に支障をきたすことが多い。この問題の解決あるいは改善をはかるには、日常的な地元交通と非日常的は観光交通を分別したデータを知ることができれば、具体策の検討を進めることができる。例えば、非日常交通である観光トリップの OD 交通量と日常交通の OD 交通量との相違が明確になれば、既存路線の運行サービス増強で対応できるのか、あるいは新規路線を導入すべきなのか、を比較検討できることになる。既存路線で対応するとなると、交通需要増に見合う運行増便の算定が必要であるし、道路交通状況への影響も考慮しなければならない。既存路線での対応が困難であれば、代替ルートへの転換誘導策が求められる。代替ルートへの転換策については、乗り換え地点、運行頻度、輸送容量などが課題となる。要するに、これらの対応策を実施するには、非日常交通の実態データを取得することが必要であり、このことにもモニタリングシステムが大きな役割を果たすことができる。

6.3.4 ネットワーク信頼性に基づく交通計画

経路走行時間の変動データを収集できると、**時間信頼性**に基づいた交通情報提供の実現性を高めることができる。道路における所要時間情報は、いまのところ、特定地点に到達するまでに要する時間を、例えば、「所要時間 30 分」というように**確定値情報**で提供しているが、これを**確率値情報**、例えば、「所要時間 30 分の確率 80 ％」という確率値で提供するように変われば、利用者の対

応はどのようになるであろうか．結論から先にいえば，確定値による情報提供では，所要時間の短い経路に選択が集中するが，確率値による情報提供では，利用者の行動特性やニーズに合わせた多様な選択行動が可能となり，経路分散が行われるのである．そのため，前者では交通量変動が大きくなり，後者では小さくなるのである[40]．

交通行動選択のおもな決定要因として，目的地まで短時間で到着できる早着性と，予定時刻までに到着できる確実性がある．両者が同時に実現できるときは問題ないが，それが無理なときは，いずれか一方を選択しなければならない．これにはリスクが関係してくる．リスクが小さいときは早着性を，リスクが大きいときは確実性を優先することになる．また利用者によってもリスクへの対応行動が異なり，リスク回避型とリスク受容型に大別することができる．**リスク回避型**は，遅刻損失を極力避ける選択行動をとるタイプ，**リスク受容型**は，遅延があってもあえて最短旅行時間を目指して選択行動するタイプである．確定値による所要時間情報は，その確定値を信用するよりほかはなく，リスク対応の交通行動が考慮できないが，確率値による所要時間情報では，到着時刻の確実性を知ることができるので，リスクに対応した多様な選択行動ができることになる．

所要時間情報を確定値と確率値で提供した場合の違いを簡単な例で説明しておこう．目的地に行くのに二つの経路が選択できるとする．経路Aは「40分」，経路Bは「30分」というように確定値で所要時間情報が提供されるとき，利用者のほとんどは経路Bを選択するであろう．なぜなら，経路Bを利用するほうが目的地に早く到達できるからである．しかし，多数の利用者が経路Bを選択すると，交通量集中による混雑のため，所要時間が経路Aより長くなってしまう．この状況になれば，今度は経路Aの所要時間が短いという情報が提供される．こうして確定値による所要時間情報提供では，経路間における所要時間の大小関係が頻繁に入れ替わることになり，所要時間信頼性が低いものとなってしまう．

つぎに，経路Aは「40分，90％」，経路Bは「30分，40％」というように

所要時間情報を確率値で提供するとしよう。経路Aの所要時間は長いが，表示時間で移動できる確率はきわめて高い。これに対して，経路Bは短時間で行けるが，表示時間で移動できる確率は2回に1回にも満たない。到着時刻に遅れるとペナルティが課せられているリスク回避型のドライバーは，確実に時間が見込める経路Aを選択するであろう。一方，目的地までの到着を急いでいるリスク受容型のドライバーは，ペナルティが小さければ，遅れる危険を冒してでも経路Bを選択すると思われる。

出発時刻選択においても同様に分散することが考えられる。なぜなら，時間価値が高い利用者は遅刻確率を小さめにとるであろうし，時間価値の低い利用者は遅刻確率が大きくてもそれほど問題にならないのである。このように旅行時間情報が確率値で提供されると，利用者の交通目的や行動特性に応じた交通行動選択できるようになる。その結果，交通量の経路分散や出発時刻分散が促進され，所要時間の信頼性が高められることになる。交通移動における安定性に対する利用者のニーズはこれから一層高まることが予想される。ICTを利用した次世代の交通情報システムは，交通ネットワーク信頼性向上を目指すことが，おもな目的の一つになるであろう。

モニタリングシステムで道路リンクの渋滞頻度を計測できる。渋滞生起をリンクの機能停止とみなすと，渋滞頻度データからリンク機能の停止確率が得られる。リンク機能状態をこのように確率で表示すると，OD交通の**連結信頼性**は，「ある時間帯において渋滞に遭遇することなく目的地へ到達できるルートが存在する確率」と定義できる。また，この逆であるOD交通の**非連結信頼性**は，「ある時間帯において渋滞に遭遇することなしに目的地には到達できない確率」と定義される。すなわち，「目的地に到達するには必ず渋滞リンクを通過しなければならない確率」であり，交通流動の最悪状態を意味している。連結信頼性と非連結信頼性は表裏関係にあり，その確率合計は1.0となるので，計算方法は基本的には同じである。実際適用において両者の定義のどちらを用いるかは目的によって異なるが，交通マネージメントの場合，非連結信頼性で考えるのがわかりやすい。つまり，非連結信頼性が意味する交通流動の最悪状

態を極力回避するのが，交通ネットワークのリスク管理対策として重要な使命となる．

交通量は時刻とともに変動するので，非連結信頼性を計算するには，時間帯ごとに各リンクの渋滞発生確率をデータ化しなければならない．モニタリングシステムを用いたこのデータベース化により，時間帯における各 OD 交通の非連結信頼性確率を算出できるので，走行移動に対する障害度が重大な OD 交通を見出すことができる．交通量が多い OD 交通の走行移動に対する障害レベルが重大であれば，社会経済活動に深刻な支障をきたすため，交通流動の効果的な改善策が必要となる．非連結信頼性を決定するのに最も影響の大きい道路リンクとネットワーク断面はそれぞれ**臨界リンク**および**臨界断面**といわれるが，OD 交通の臨界リンクと臨界断面を改良することで，非連結信頼性の改善を効果的に実施することができる．このように，時間帯別の連結信頼性分析やその改善対策，またその事後評価は，モニタリングシステムによって初めて実現可能となるといっても過言ではない．

6.3.5 交通センサスおよびパーソントリップ調査の先進化

ICT 技術が進展しているにもかかわらず，交通センサスやパーソントリップ調査が依然としてアンケート用紙に基づく従来方法で継続されているのは理解に苦しむところである．調査対象者として複数回選定された経験からいえば，調査用紙に 1 日のトリップ行動を克明に記述することは負担が大きく，ある程度省略して回答せざるを得ないというのが偽らざる感想である．このようなことも起因して，収集データの精度確保が難しく，発生トリップ数が低めに集計される傾向があるといわれている．また，その調査経費も多額を要することから，定期的に実施されてきた調査が，近年は削減される事態となっている．

ICT データにはプライバシー保護のため，その利用には制約があるが，個人データの匿名化技術が進展していることもあり，公益使用の目的であれば規制緩和をすることが期待される．そうなれば，プローブカーデータやスマホデータ，IC カードデータを利用することにより，個々のトリップ行動データを詳

細に追跡することが可能となり，カートリップデータ，およびパーソントリップデータの収集精度を飛躍的に向上させることができる．しかし，これらのICTによる交通移動データはサンプルデータであるため，ネットワーク流動を実数推定しなければならならず，これにはリンク交通量型とゾーン集中交通量型のOD交通量逆推定モデルがきわめて有用な手法として適用できる．逆推定モデルは，ICTによるサンプルデータとリンク交通量あるいはゾーン集中交通量の観測値に基づいて，交通ネットワークにおける調査時点のゾーン別発生交通量，OD交通量，OD別経路交通量を推定する方法論である．この逆推定モデルの特長は，道路だけでなく，バスや鉄道などの総合交通ネットワークの交通流動が推定分析できることである．また，ICTデータの活用により，時間帯別の交通流動が容易に推定できることは，既存手法には見られない大きな長所である．

従来の段階推定による方法では，経路選択率を交通量配分により推定しているため，リンク交通量の推定値が現実値と乖離する問題が指摘されてきた．しかし，逆推定モデルでは，リンク交通量の推定値が現実値と適合するように推定計算されるので，この問題は解消できるし，そのうえOD交通ごとの経路利用についても現実的な選択率を推定することができる．さらに，逆推定モデルの未知変数の数量がゾーン数と同じであるため，大規模かつ複雑な交通ネットワークに対しても適用可能である．このように逆推定モデルはきわめて実用的な方法論であり，高精度の推定結果が得られる．

ETC2.0のプローブカーデータは，データ収集スポットの通過前の走行軌跡データであるため，トリップの発生地点は得られるものの，終着地点は不明である．したがって，現在のデータ収集システムのままでは，OD交通のサンプルデータとして使用することは困難である．OD交通量推定のためのプローブカーデータとするには，トリップの起点と終点の位置精度を向上させる改良が求められる．この改良に時間がかかるとすれば，既述のように，一般のプローブカーデータをスポットで収集することで，逆推定モデルのインプットデータであるサンプルOD交通量とOD別経路選択率を的確に作成することができる．

ICTデータ利用の規制緩和があれば，いますぐにでも逆推定モデルを交通センサス，およびパーソントリップ調査に適用することができる．逆推定モデルの優れた点は，ICTデータを利用できれば，必要なときにはいつでも交通ネットワーク流動を計測できることである．これまでの交通調査は一時点での交通流動を対象にしたものであるが，逆推定モデルを用いると継続的に流動変化を分析できるので，モニタリングシステムとしても活用可能であり，交通計画における意義はきわめて大きいといえよう．

6.3.6 土地空間情報との結合による都市計画への適用

逆推定モデルを用いたモニタリングシステムにより継続的に総合交通ネットワークの交通流動が計測できるようになると，都市計画面での利用価値が大きい．土地利用計画と交通計画は密接に関係しており，両者のバランスが適正であれば，社会経済活動が円滑に行われ，安全快適で活力のある都市形成がなされる．交通計画は土地利用計画に基づいて作成されるのが基本であるが，逆に交通システムによって土地利用が誘導される面がある．したがって，土地利用と交通システムの状況について経年変化をモニタリングすることは，健全な都市活動を維持発展させるためにも重要であり，その意義はきわめて大きい．

土地利用情報には，土地，人口，住宅，商業，工業などのさまざまな統計データが含まれており，これらはゾーンにおける発生トリップ数を推定するための基礎データとして用いられている．具体的には，人口や商業販売額，工業出荷額などの単位量当りの発生トリップ数に基づいて，**トリップ発生原単位**が決められる．そして，例えばゾーンからの通勤交通の発生交通量を推定するには，ゾーンの就業人口に，そのトリップ発生原単位を乗じることで求めることができる．トリップ発生原単位は，社会経済情勢の推移とともに変化するものであり，実態に対応させた見直しが必要である．この見直に対してもモニタリングシステムの活用ができる．

最近は地域の人口が減少する中で高齢者の割合が増大している．このため，人口当りの外出率が低下し，乗用車の利用回数も減少して，交通移動の状況が

変化し，地域によっては公共交通の維持が困難となってきている．商業販売においても，近年はインターネット取引が増大し，宅配便での受け取りが拡大し，一昔前の業務交通の形態とは大きく異なってきている．企業や店舗の立地を計画する際にも，モニタリングシステムによるネットワーク交通流動の現況データがあれば，有用な情報を取得できる．このような社会経済活動の変容を考慮した土地利用と交通流動の関係をモニタリングシステムのデータで調査できるので，都市の持続的発展を計画するためにきわめて有益であり，重要なツールとなり得るものである．

都市コンパクト化構想は，人口減少社会に備えた都市づくり，あるいは地域づくりの有用な考え方であるが，その計画実施のためには，土地利用と交通ネットワークの実態推移を継続的に観察するとともに，有効な誘導策を検討しなければならない．この誘導策の効果についても，モニタリングシステムで検証できるし，新たな課題が見つかれば，その解決に必要なデータも取得できる．

6.3.7　交通ネットワークシミュレーションのインプットデータの精緻化[41]

ネットワーク交通流動を理論モデルで記述する場合，交通行動ルールが単純化されること，トリップ行動を個別に取り扱えないこと，複雑な意思決定行動を定式化できないこと，経時的な現象変動の記述が困難であること，などの問題がある．したがって，大規模で複雑な現実現象の再現をするには**交通ネットワークシミュレーションモデル**が用いられている．シミュレーションモデルの利点は，現実トリップの多様な行動ルールが導入できること，個別トリップ行動の記述とともにその集合体における相互作用が考慮できること，確率現象としての意思決定行動が扱えること，時空間における流動移動が記述できること，などであり，理論モデルの欠陥を補完できるものといえよう．

道路交通流のネットワークシミュレーションにおけるモデル構成は，ネットワークサブモデルをベースとして，トリップにおける意思決定サブモデルと車両挙動サブモデルから成り立っている．ネットワークサブモデルは，ネットワーク形状，道路構造，交差点構造，交通規制など，意思決定サブモデルは，

6.3 モニタリングシステムの実用的価値

トリップ発生・集中ルール，経路選択ルールなど，車両挙動サブモデルは，速度調整，追従・追越・合流行動，右左折挙動など，である．最近は意思決定や車両挙動の詳細なサブモデルが開発され，交通流ネットワークシミュレーションの実務適用が拡大している．例えば，経路走行時間を情報提供したときの，情報の利用者と非利用者の時間短縮便益をシミュレーションで容易に比較分析できるようになっている．ここで問題となっているのは，シミュレーションモデルのインプットデータであるOD交通量の与え方である．シミュレーションモデルは交通流の時間経過に伴う推移を記述するのが目的であるため，インプットデータもこれに対応していなければならない．しかし，経時的な現状のOD交通量データを取得するのは困難であり，発生交通量についてもランダム分布や一様分布をするなどの便宜的方法を用いているのが一般的である．経路選択についても現実的な選択行動モデルではなく，見込み走行時間に基づいた既存の経路選択行動モデルを用いて決定されることが多い．

　これらのインプットデータはモニタリングシステムを利用することによって，格段の改善が可能となる．モニタリングシステムでは，時間帯別のOD交通量が推定できることは既述のとおりであるが，ゾーンの発生交通量および集中交通量をネットワークノードに細分化できるのも大きな長所である．さらには，時間帯の単位幅を理論的にはどのようにでも分割することもできる．極端なケースとしては10分程度の単位でも可能であるが，実際適用では推定精度を考慮して決められることになろう．このように実際ネットワーク上の各ノードで時間帯ごとに変化するOD交通量をインプットデータとして与えることができるので，シミュレーションの記述精度が飛躍的に向上する．経路選択行動に対しても，モニタリングデータから時間帯別，OD距離別，車種別の組合せで実用的な選択モデルが作成できるので，シミュレーションにおける有用な部分モデルとして組み込むことができる．

　要するに，モニタリングシステムのデータを利用することにより，交通ネットワークシミュレーションモデルの詳細化と精緻化が進展し，その再現性が格段に高められる．そして，交通ネットワークシミュレーションモデルは道路交

通だけでなく、鉄道やバスを統合した総合交通ネットワークを対象としたシステムに拡大発展することが可能である。

6.4 モニタリングシステムの学術的価値

6.4.1 交通需要変動の特性分析と予測モデルの開発

　交通流は変動するのが本来の性質であるため、その特性分析をすることは研究課題としても価値があり、このことが高度な交通マネージメントに役立つことになる。これまでは交通ネットワークにおける流動変化の詳細データが収集できなかったために、交通流動の特性分析に関する研究は困難であった。しかし、モニタリングシステムを用いると、ゾーン発生交通量やOD交通量、OD別経路交通量、リンク交通量が時間帯、曜日、季節によってどのように変化するか、その変動特性を分析することができるようになる。特性分析では、それぞれの交通量変化おける時間帯、曜日、季節の単独要因、および相互要因による相違が分析できる。このことにより、交通管理に必要な交通量変動の分類を、時間帯、曜日、季節のどのような要因の組合せで表示すべきかを提示できるであろう。例えば、時間帯は通勤時間帯や業務時間帯のような分類、曜日であれば平日と週末の分類、季節であれば、春と秋は同じ分類というような単純な仕分けでよいのかどうかを検討できる。

　交通量変化は天候によっても影響を受けるので、その要因分析も必要となる。また、定期的に繰り返される大規模イベントによる交通量変動についても、継続観測により、その特性分析を解明しておくことが求められる。このようにして分類整理された交通量の変動分析から、その安定性や規則性が解明されると、現在までの交通量変動データから数日先の交通量変動を推測できることが可能となり、交通情報提供にも活用できるようになるであろう。交通流変動に関する時間帯や曜日、季節などにおける要因構造が明らかとなれば、社会経済指標と結び付けて、都市計画や交通計画に必要な短期予測モデルの開発も行える。

交通流変動の特性分析は，分類や方法は目的によって異なるため，上述したのはその一部に過ぎず，ほかにも多くの研究テーマが考えられるであろう．交通ネットワーク上における混雑や渋滞を軽減し，円滑で安全な交通サービスを提供するには，交通変動の特性と要因を解明しておくことが欠かせない．時間信頼性や連結信頼性の考え方が将来は交通管理に導入される可能性が考えられる．ビッグデータの時代といわれるようになっているが，交通データを収集するだけでは意味がなく，統計分析による付加価値を付けた有効活用の工夫が重要となる．

6.4.2 交通量配分の現実的発展

交通量配分は経路選択問題ともいわれており，近年では精巧な計算方法が確立されている．交通量配分理論は，**利用者最適確率均衡配分**，**利用者最適確定均衡配分**，**システム最適確定均衡配分**の三つに分類され，これらはそれぞれ，**時間比配分**（あるいは**確率配分**），**等時間配分**，**総走行時間最小化配分**とも呼ばれている．利用者最適確率均衡配分（時間比配分）は，走行時間の短い経路ほど選択確率が高くなる経路選択，利用者最適確定均衡配分（等時間配分）は，利用される経路の走行時間は等しく，利用されない経路の走行時間はそれ以上となる経路選択，システム最適確定均衡配分（総走行時間最小化配分）は，交通ネットワーク全体の走行時間総和が最小となる経路選択が成立する配分原則である．ここで，時間比配分は，厳密にいえば，確率配分とモデル構造式は異なるが，配分原則の考え方は同じなので，確率配分も含めた記述としている．利用者最適確率均衡配分の場合，経路選択における走行時間の重み要因が無限大となるとき，すなわち最短時間経路が選択されるとき，利用者最適確定均衡配分と同じ結果となり，また利用者最適確定均衡配分とシステム最適確定均衡配分は，ネットワーク交通量がその容量限界まで増大するときに一致することが知られている[42]．

このように，これらの配分原則の相互関係についても体系化がなされており，交通量配分理論は，すでに成熟した感があるが，現実交通流動の再現性に

ついては多くの議論がある。配分理論で疑問があるのは，走行時間と交通量の関係を表す**走行時間関数**を配分モデル式（交通量依存型配分）に組み込んで，その均衡解を求めていることである。そもそも走行時間関数が実態を正確に記述しているかが曖昧である。道路交通の場合，ドライバーが経路選択をするとき，走行時間の短い経路を選択する傾向があるが，すべての経路についての走行時間を知ることは困難なため，日常の走行経験の積み重ねによって，そのときどきの主観的判断に基づいた経路選択行動をしているに過ぎない。このような経路選択行動の結果が，果たして均衡状態を実現しているのであろうか。既述のように，経路選択行動の繰返しによる室内実験では，実際には等時間配分の均衡状態に達するのは困難であるとされている。それゆえ，交通量配分は道路網における現実交通流動を記述するのではなく，一定の OD 交通量が何回となく繰り返されてトリップが行われるとしたときの期待値的な交通量状態を示していると理解すべきである。それでは，どの配分原則が現実現象に近いといえるのであろうか。この問いに対してはいまのところ明快な解答は得られていない。

　OD 交通量逆推定法を用いたネットワーク交通流動のモニタリングシステムでは，経路走行時間に基づく確率配分（交通量独立型配分）で OD ごとの経路交通量が推定される。このとき，経路走行時間はプローブカーデータで外生的に与えられている。この推定結果から，交通量配分に関する新しい知見が得られる可能性がある。配分パラメータ値を調整することで，サンプル OD 交通量が得られるが，その収束精度が時間比配分原則の現実性を判断する一つの基準となり得る。収束精度が高い場合，すなわち，どのスポットに対してもサンプル OD 交通量が厳密に同一となれば，時間比配分で経路交通量が推定されることを示しており，現実の経路選択行動を再現していると思われる。サンプル OD 交通量が厳密に同一にならなくても，その収束精度で現実における時間比配分の近似度を知ることができよう。これと関連して，ネットワーク流動モニタリングシステムにより，リンクごとに所与走行時間に対応する交通量を継続的に推定することが可能である。このとき，各リンクにおける所与走行時間に

6.4 モニタリングシステムの学術的価値

対する推定交通量の分散が小さい場合，現実的で高精度の走行時間関数を作成できることになる．ただし，欠落サンプルOD交通量がないものとする．したがって，モニタリングシステムでこのような誤差僅少の現実走行時間関数を作成できれば，実際現象において時間比配分の均衡状態が成立しているといえるのではなかろうか．なぜなら，推定結果である経路選択確率と経路交通量の関係が，現実走行時間関数から得られる時間比と適合，もしくは近接しているからである．しかし，問題は現実走行時間関数に対するリンク交通量の誤差であり，その大きさで時間比均衡との近接度が推量されることになろう．自明のことながら，サンプルOD交通量の収束精度が極端に悪い場合は，経路選択確率は時間比配分から乖離していると結論される．

　もう一つの興味は，逆推定モデルから得られる配分パラメータの値である．配分パラメータが大きいときは，特定の経路に選択が集中し，小さいときは経路の選択が分散することを意味している．一般論でいえば，長距離交通量は利用経路が限定され，近距離交通量は経路分散する傾向があるように思われる．このことは，選択経路における普段からの情報蓄積とも関係しており，前者では少ない過去経験に基づいて特定経路に限られていることが多く，後者は日頃からの豊富な経験から交通状況に応じた多様な経路選択がなされているといえよう．このうち，近距離交通に限ってみると，経路分散するのは走行時間に大差がないことの結果であり，等時間配分の近傍状態が成立しているとも考えられる．

　このほかにも，配分パラメータ値を車種別分析することで，経路選択特性の相違を比較できるし，有料道路利用における料金の時間価値も算定できる．また，時間帯や交通量レベルに対する配分パラメータの安定性についても考察することができよう．

　上記の見解は試論ではあるが，モニタリングシステムで時間比配分，および等時間配分の均衡状態を考察できることになれば，交通量配分の現実性についての考証が進められることになり，配分手法の現実的発展に寄与するものと期待される．

6.4.3 走行時間短縮の便益効果の新思考

　時間信頼性の考え方を適用することで，交通変動を考慮した視点から，道路整備や交通管理の便益効果を評価することができるようになる。具体的にいえば，現行の走行時間短縮による便益評価は平均走行時間短縮のみを対象としているが，走行時間の変動分布がモニタリングシステムで得られると，このほかにも遅刻回避安全余裕時間減少，渋滞時間損失減少，早着・遅刻損失減少による便益効果を加算することできる。このことにより，道路交通対策の便益効果がこれまでの方法に比べて増大し，対策事業の重要性を社会に強く訴えることができる。

　平均走行時間短縮による便益は，対策前後において観測された平均走行時間の差に平均利用交通量を乗じることで算出できる。ただし，対策前後で交通量は変化しないとしている。**遅刻回避安全余裕時間**は，目的地に遅刻せずに到着するのに必要な見込み走行時間から平均走行時間を差し引いた時間長である。遅刻を回避できる見込み走行時間は，観測された走行時間確率密度関数から，遅刻確率がある値（例えば，5％）以下となる走行時間で決められる。交通対策がなされると交通流動の改善効果により，走行時間変動の分散が縮小される（時間信頼性が高くなることを意味する）ので，平均走行時間とともに安全余裕時間も縮小される。安全余裕時間減少による便益増は利用交通量を乗ずることで算出できる。**渋滞時間損失**は，渋滞時の走行時間と交通量の積にその出現確率を乗じた積分値で得られ，その損失減少便益は対策前後を比較することで計算できる。**早着・遅刻時間損失費用**は，到着制約時刻に対する遅刻ペナルティ関数と早着ペナルティ関数，および走行時間確率密度関数が与えられていると，これらの乗算により算定でき，便益増は対策前後の差に交通量を乗ずることで得られる。このようにして，交通対策効果に関する時間信頼性に基づいた多様な項目の便益増加が計算できるので，これらを合計することによりトータルとしての便益が評価できる。

　上で説明した平均走行時間と安全余裕時間の短縮便益は，対策前後におけるOD交通量が一定として平均交通量との乗算で算定されるが，OD交通量が増

大するときは消費者余剰の増大で計算できる。

現行の便益評価法では，交通量配分による経路の交通量と走行時間の推定値を用いるのに対して，時間信頼性に基づいた新しい便益評価法では，モニタリングシステムで継続観測された経路交通量と経路走行時間の実測による変化値を用いる。すなわち，既存手法においては，整備前後のネットワーク交通量をそれぞれ利用者均衡配分で計算し，OD 交通間の経路走行時間がすべて同一となることを仮定している。このため便益分析は各 OD 交通に対して単一経路だけに着目すればよいので，計算がきわめて簡単となる利点を有している。交通対策の計画検討のために事前に便益効果を推算するのには有用な方法であるが，時間短縮効果が平均走行時間のみに限定されており，過小の便益評価となっていることは否めない。しかし，いまやネットワーク交通量はモニタリングシステムで詳細な実測データが得られるようになっており，これからは交通量変動を考慮した多様な時間短縮便益での評価方法の考究が必要ではなかろうか。

しかしながら，実測データで対策前後の便益比較分析をするとなると，課題が多く残されており，新しいアプローチに確たる見通しがあるわけではない。ここで提案した方法は初歩的な考え方であり，単一経路については計算可能であるものの，ネットワークに拡大した場合の評価計算方法はきわめて複雑となる。実測データを用いると，OD 交通量とともに経路交通量も変動するし，経路によって走行時間にも差異があるからである。特に，渋滞走行時間損失と早着・遅刻損失の減少便益の計算は厄介となる。実務適用するには理論が明快で効率的な計算手法の開発が必要であり，今後の研究進展が待たれる。

6.5　本章のまとめ

リンク交通量型とゾーン集中交通量型の OD 交通量逆推定モデルを用いることにより，道路，鉄道，バスを含む総合交通ネットワークの交通流動モニタリングシステムを構築することができる。総合交通ネットワークの交通流動モニ

タリングシステムを利用して，ネットワークの交通流動変化を継続的に観測できるようになれば，上述のように交通計画における実用面，および学術面での価値はきわめて大きく，さまざまな新しい課題にアプローチすることができるようになる。

　交通ネットワーク流動のモニタリングシステムは，交通機関別と時間帯別のOD交通量と経路交通量を実数推定するものであり，これまでには研究開発されてこなかった新しい交通量推定モデルである。先進国では，道路，鉄道，バスを一体化した総合交通管理システムへの社会ニーズが高まっている。このモニタリングシステムによって，交通計画の新次元展開がなされることを期待したい。

参 考 文 献

1) M. G. H. Bell and Y. Iida : Transportation Network Analysis, John Wiley & Sons, Chapter 8 (1997)
2) 若林拓史：道路網の信頼性解析に関する基礎的研究，京都大学学位論文 (1989)
3) N. Uno, Y. Iida and S. Kawaratani : Effects of Dynamic Information System on Travel Time Reliability of Road Network, Proceedings of 3rd Conference on Traffic and Transportation Studies, ASCE, pp.911-918 (2002)
4) H. Shimamoto, F. Kurauchi, Y. Iida, M. G. H. Bell and J-D. Schmöcker : Evaluation Public Transit Congestion Mitigation Measures Using A Passenger Assignment Model, Journal of the Eastern Asia Transportation Studies, Vol.6, pp.2076-2091 (2005)
5) 谷口栄一，根本敏則：シティロジスティクス――効率的で環境にやさしい都市物流計画論――，森北出版 (2001)
6) M. G. H. Bell and Y. Iida (Edited) : The Network Reliability of Transport, Proceedings of the 1st International Symposium on Transportation Network Reliability (INSTR), Pergamon (2003)
7) US Department of Transportation (DOT) ホームページ, http://www.ops.fhwa.dot.gov/publications/tt_reliability/TTR_Report.htm (2017年6月現在)
8) J. G. Wordrop : Some Theoretical Aspects of Road Research, Proceedings, Institute of Civil Engineers, Vol.1, No.3, pp.325-362 (1952)
9) Y. Sheffi : Urban Transportation Networks, Equilibrium Analysis with Mathematical Programming Methods, Prentice-Hall (1985)
10) 飯田恭敬，内田 敬，宇野伸宏：経路選択行動の動態変化に関するシミュレーション分析，土木計画学研究・講演集，No.12, pp.29-36 (1989)
11) J. L. Horowitz : The Stability of Stochastic Equilibrium in a Two-Link Transportation Network, Transportation Research, Vol.18B, No.1, pp.13-28 (1984)
12) Y. Iida, N. Uno and T. Yamada : Experimental Analysis Approach to Analyze Dynamic Route Choice Behavior of Driver with Travel Time Information, VNIS Conference Proceedings, pp.377-382 (1994)
13) 飯田恭敬，内田 敬，宇野伸宏：交通情報の効果を考慮した経路選択行動の動的分析，土木学会論文集，No.470/Ⅳ-20, pp.77-86 (1993)
14) P. Robillard and M. Trahan : Estimating the O-D Matrix and Network Characteristics from Observed Volumes, Proceedings of the International Conference on Transportation Research, 1st Conference, pp.736-740 (1973)

15) 飯田恭敬, 小川　悟：交差点交通量から道路網内交通量を推計する方法, 第 29 回土木学会年次学術講演会概要集, pp.141-142（1974）
16) 飯田恭敬, 浅井加寿彦：路上観測交通量による道路網交通挙動の推定法, 第 12 回日本道路会議論文集（1975）
17) E. Cascetta：Estimation of Trip Matrices from Traffic Counts and Survey Data, A Generalized Least Square Estimator, Transportation Research, 18B, 4-5, pp.289-299（1984）
18) Y. Iida and J. Takayama：Comparative Study of Model Formulation on OD Matrix Estimation from Observed Link Flows, Proceedings of 4th World Conference on Transportation Research, Vol.2, pp.1570-1581（1986）
19) 前川友宏, 飯田恭敬, 倉内文孝, 上坂克己：B ゾーンベースによる OD 交通量逆推定モデルの実際適用性, 第 29 回交通工学研究発表会論文集（2009）
20) R. B. Dial：A Probabilistic Multipath Traffic Assignment Model Which Obviates Path Enumeration, Transportation Research, Vol.5, No.2, pp.83-111（1971）
21) 國分恒彰, 倉内文孝, 嶋本　寛, 飯田恭敬, 船本洋司, 栄徳洋平：ETC2.0 を用いた OD 交通量逆推定, 土木計画学研究・講演集, Vol.53, CD-ROM（2016）
22) 嶋本　寛, 飯田恭敬, 倉内文孝, 國分恒彰：モバイル移動データを活用した交通流動手法の提案, 土木計画学研究・講演集, Vol.52, CD-ROM（2015）
23) 三根　久, 河合　一：信頼性・保全性の数理, 朝倉書店（1982）
24) 井上紘一：FTA の基礎理論と数値的解析法,（井上威恭監修, 総合安全工学究所編, FTA 安全工学）, 2 章, 日刊工業新聞（1979）
25) T. Uchida and Y. Iida：Risk Assignment；A New Traffic Assignment Model Considering the Risk of Travel Time Variation, 12th International Symposium on Transportation and Traffic Theory（ISTTT）, pp.89-105, Elsevier（1993）
26) 柳澤吉保：出発時刻選択を考慮した通勤交通行動のモデル化と渋滞緩和策の分析評価に関する研究, 京都大学学位論文（1997）
27) E. Taniguchi, T. Yamada and Y. Kakimoto：Probabilistic Vehicle Routing and Scheduling with Variable Travel Times, 9th IFAC Symposium, Control in Transportation Systems, pp.45-50（2000）
28) M. G. H. Bell and J-D. Schmöcker：Public Transport Network Reliability-Topological Effects, Proceedings of 3rd International Conference on Traffic and Transportation Studies, ICTTS（2002）
29) A. Chen, H. Yang, H. K. Lo and W. Tang：Capacity Reliability of a Road Network, An Assessment Methodology and Numerical Results, Transportation Research B, Methodological, Vol.36, No.3, pp.225-252（2002）
30) A. Nicholson and Z-P. Du：Degradable Transportation Systems, An Integrated Equilibrium Model, Transportation Research B, Vol.31, No.3, pp.209-221（1997）
31) A. J. Nicholson and Z-P. Du：Improving Transportation System Reliability, A

Framework, Proceedings of 17th Australian Road Research Board Conference, Vol.17, Part 6, pp.1-17（1994）
32) G. M. D'Este and M. A. P. Taylor：Network Reliability, An Issue for Regional, National and International Strategic Transport Network, Proceedings of 1st International Symposium on Transportation Network Reliability（INSTR）, 2001, Kyoto University（2001）
33) 佐佐木　綱 監修, 飯田恭敬 編著：交通工学, 6章, 国民科学社（1992）
34) 飯田恭敬, 吉木　務, 若林拓史：ミニマルパス・カットを用いた道路網信頼度の近似計算法, 交通工学, Vol.23, No.4, pp.3-13（1988）
35) 栄徳洋平, 横井祐治, 石倉麻志, 飯田恭敬：脆弱断面を判定する道路防災機能評価手法, 土木計画学研究・講演集, Vol.51, CD-ROM（2015）
36) 田村博司, 永廣悠介, 宇野伸宏, 飯田恭敬：プローブデータを用いたバス運行状況の評価と道路交通特性の影響分析, 第4回ITSシンポジウム2005論文集, pp.331-336（2005）
37) R. W. Hall：Travel Outcome and Performance, The Effects of Uncertainty on Accessibility, Transportation Research B, Vol.17, No.4, pp.275-290（1983）
38) 松本昌二, 白水義晴：旅行時間の不確実性が時刻の指定された物資輸送に及ぼす影響, 土木学会論文集, No.353/Ⅳ-2, pp.75-82（1985）
39) 内田　敬, 飯田恭敬, 松下　晃：通勤ドライバーの出発時刻決定行動の実証的分析, 土木計画学研究・論文集, No.10, pp39-46（1992）
40) 飯田恭敬：道路交通情報ビジネスへの期待, 警察学論集, 特集号, 第55巻, 7号, pp.1-16（2002）
41) 飯田恭敬 監修, 北村隆一 編：情報化時代の都市交通計画, 8章, コロナ社（2010）
42) 佐佐木　綱 監修, 飯田恭敬 編著：交通工学, 4章, 国民科学社（1992）

索　引

【あ，い】

安全余裕時間　　　　　88, 130
安全余裕時間減少　　　　　89
インプットデータ　　　　　10

【か】

外外 OD 交通　　　　　　　20
外内 OD 交通　　　　　　　20
外内 OD 交通量比率　　　　68
外内比率　　　　　　　21, 68
確定値情報　　　　　　　146
確率所要時間　　　　　　　5
確率値情報　　　　　　　146
確率配分　　　　　　　　155
カットセット　　　　　92, 118

【き，く】

基本型モデル　　　　　　　26
基本精度検証　　　　　　　35
クーン・タッカー条件　　　32

【け】

携帯電話移動データ　　10, 66
結合モデル　　　　　　27, 28
欠落サンプル OD 交通量　　61

【こ】

構造関数　　　　　　　92, 102
交通センサス　　　　　　　13
交通ネットワークシミュ
　　レーションモデル　　152
交通ネットワーク信頼性　2, 4
交通ネットワーク容量　　　97
交通流動モニタリング
　　システム　　　　　　3, 11
交通量減少信頼性　　　98, 100
交通量配分　　　　　　　　6

交点法　　　　　　　　　108
合理的経路　　　　　　　　57

【さ】

最脆弱断面　　　　　　　113
最脆弱リンク　　　　　　116
最適出発時刻　　　　　87, 90
暫定サンプル OD 交通量　　53
サンプル OD 交通量
　　　　　　　　　10, 46, 49

【し】

時間信頼性　　　　　　5, 146
時間帯別 OD 交通量　　9, 41, 54
時間帯別 OD 別スポット
　　収集交通量　　　　　　54
時間帯別 OD 別スポット
　　通過確率　　　　　　　54
時間帯別 OD 別リンク
　　利用確率　　　　　　　55
時間帯別観測リンク交通量
　　　　　　　　　　　　　55
時間帯別サンプル OD 交通量
　　　　　　　　　　　　　54
時間帯別ゾーン発生
　　交通量比率　　　　42, 54
時間帯別発生ゾーン別
　　目的地選択確率　　42, 54
時間比配分　　　　　　6, 155
システム工学　　　　　84, 91
システム最適確定均衡配分
　　　　　　　　　　　　155
事前データ　　　10, 15, 138
実効所要時間　　　　　　131
実際適用検証　　　　　　　35
ジャストインタイム　　　　90
渋滞時間損失　　　　　　158
渋滞時間損失減少　　　　128

乗車駅別降車駅選択確率　140
乗車駅別乗客数比率　　　140
所要時間確率密度関数　89, 94
所要時間確率密度分布　　123
所要時間信頼性
　　　　　　　5, 94, 100, 123
所要時間分布　　87, 94, 124
信頼性　　　　　　　　　　91
信頼性グラフ解析　　　　　92
信頼度　　　　　　　　　　91

【す】

スポット　　　　　　　10, 45
スポットデータ　　　　　　45
スマホデータ　　　　　10, 66

【せ】

正規分布の再生性　　　　125
脆弱性　　　　　　　99, 101
脆弱断面　　　　　　　　113
セントロイド　　　　　　　16
セントロイド間 OD 交通量
　　　　　　　　　　　　　16

【そ】

遭遇信頼性　　　　　96, 100
総合交通ネットワーク　3, 11
走行時間関数　　　　　　156
総走行時間最小化配分　　155
早着損失費用関数　　　　132
早着・遅刻時間損失費用
　　　　　　　　　　132, 158
双対ネットワーク　　　　109
ゾーン間 OD 交通量　　　　16
損失費用関数　　　　　　　89
ゾーン集中交通量型　　10, 14
ゾーン発生交通量パターン
　　　　　　　　　　　28, 74

索　　　引　165

ゾーン発生交通量比率
　　　　　　　45, 49, 53, 78

【た】

ダイアル確率配分法　　10, 56
大都市交通センサス　　12, 144
ターゲット OD 交通量　　　9
ダミーリンク　　　　　　　16
段階推定法　　　　　　　　8

【ち】

遅刻回避安全余裕時間　　158
遅刻確率　　　　　　87, 130
遅刻損失費用関数　　　　132
遅刻リスク損失　　　　　131
直列構造　　　　　　　　92
直列システム　　　　　　102

【て, と】

定時性　　　　　　　　　86
同　期　　　　　　　　　15
等時間配分　　　　　　6, 155
トリップ発生原単位　　　151

【な】

内外 OD 交通　　　　　　20
内内 OD 交通　　　　　　20
内内 OD 交通量比率　　　68
内内比率　　　　　　21, 68

【ね】

ネットワーク交通流動分析
　　　　　　　　　　　138

ネットワーク信頼性　　　86
ネットワーク信頼性工学　84
ネットワーク容量信頼性
　　　　　　　　　98, 100

【の】

ノード間 OD 交通量　　　16
ノード集中分担率　　19, 70
ノード発生分担率　　19, 70

【は】

パ　ス　　　　　　　　　92
パーソントリップ調査　　13
発生交通量単独モデル　　27
発生ゾーン別目的地選択確率
　　　　　　　　45, 52, 78
パラメータ調整　　　　　10

【ひ, ふ】

非連結信頼性　　　　　148
物流交通　　　　　　　　5
ブール演算　　　　　　106
プローブカーデータ　　　10
プローブカーデータ型モデル
　　　　　　　　　　　29

【へ, ほ】

平均所要時間　　　　　　88
並列構造　　　　　　　　92
並列システム　　　　　103
補正サンプル OD 交通量
　　　　　　　　52, 53, 61

【み】

未知変数　　　　　　11, 15
ミニマムカットセット　103
ミニマムパス　　　　　103

【も】

目的地選択確率　　　　　22
モーダルスプリット　　8, 137

【ら, り】

ラベリング法　　　　114, 117
リスク回避型　　　　　147
リスク受容型　　　　　147
リダンダンシー　　　　　84
利用者最適確定均衡配分
　　　　　　　　　　6, 155
利用者最適確率均衡配分
　　　　　　　　　　6, 155
臨界断面　　　　　113, 149
臨界リンク　　　　　　149
リンクウェイト　　　　　59
リンク交通量型　　　10, 14
リンク交通量単独モデル　27
リンク信頼性　　　　　105
リンクポテンシャル　　　57
リンク尤度　　　　　　　58

【れ】

連結信頼性
　　　　4, 86, 92, 100, 101, 105, 148
連結信頼度　　　　　　　92

【E】

ETC2.0　　　　　　　　45
ETC サンプル OD 交通量
　　　　　　　　　　46, 51

【I】

ICT データ　　　　　　10

IC カードデータ　　　10, 140
ITS スポット　　　　　　45
ITS スポットデータ　　　45

【O】

OD 間連結信頼性　　　　106
OD 交通量逆推定モデル　3
OD 交通量パターン　　　9

OD 別スポット収集交通量
　　　　　　　　46, 50, 51
OD 別スポット通過確率
　　　　　　　　　　46, 51
OD 別リンク利用確率　45, 53

―― 著者略歴 ――

1964年 京都大学工学部土木工学科卒業
1966年 京都大学大学院工学研究科修士課程修了（土木工学専攻）
1970年 金沢大学講師
1972年 工学博士（京都大学）
1972年 金沢大学助教授
1980年 金沢大学教授
1985年 京都大学教授
2005年 京都大学名誉教授
　　　　（同済大学（中国）顧問教授，北京交通大学（中国）顧問教授，東南大学（中国）客座教授）

ICTデータ活用による交通計画の新次元展開
―総合交通ネットワーク流動のモニタリングシステム―
New Dimension of Transportation Planning Led by Utilization of ICT Data
― Flow Monitoring System for an Integrated Transportation Network ―

Ⓒ Yasunori Iida 2017

2017年9月5日　初版第1刷発行　　　　　　　　　　　　　　　　　　　★

著　者	飯　田　恭　敬
発行者	株式会社　コロナ社
代表者	牛　来　真　也
印刷所	新日本印刷株式会社
製本所	有限会社　愛千製本所

112-0011　東京都文京区千石 4-46-10
発行所　株式会社　コロナ社
CORONA PUBLISHING CO., LTD.
Tokyo Japan
振替00140-8-14844・電話(03)3941-3131(代)
ホームページ　http://www.coronasha.co.jp

ISBN 978-4-339-05253-4　C3051　Printed in Japan　　　　　　（森岡）

JCOPY　＜出版者著作権管理機構 委託出版物＞
本書の無断複製は著作権法上での例外を除き禁じられています。複製される場合は，そのつど事前に，出版者著作権管理機構（電話 03-3513-6969，FAX 03-3513-6979，e-mail: info@jcopy.or.jp）の許諾を得てください。

本書のコピー，スキャン，デジタル化等の無断複製・転載は著作権法上での例外を除き禁じられています。購入者以外の第三者による本書の電子データ化及び電子書籍化は，いかなる場合も認めていません。
落丁・乱丁はお取替えいたします。